电力工程施工现场人员
岗位培训教材

质量员

ZHILIANGYUAN

孟祥泽　主　编
刘　磊　刘培勇　郭　瓒　副主编

中国电力出版社
CHINA ELECTRIC POWER PRESS

内容提要

本书为“电力工程施工现场人员岗位培训教材”《质量员》分册。

本书主要介绍了电力工程施工现场质量员的岗位职责和工作内容，应掌握的专业技术知识和管理知识，以及有关法规、标准等。全书共分十一章，包括：综述、基础工程、结构工程、屋面及其他防水工程、装饰工程、锅炉及风电机务安装、汽轮发电机组安装、电气设备安装、热控设备安装、焊接施工、竣工资料的编制。

本书可供质量检验人员、施工技术人员、现场管理人员及相关专业大中专、职业学校的师生参考。

图书在版编目（CIP）数据

质量员 / 孟祥泽主编 . —北京：中国电力出版社，2022.10
电力工程施工现场人员岗位培训教材
ISBN 978-7-5198-6859-8

Ⅰ . ①质… Ⅱ . ①孟… Ⅲ . ①电力工程 – 工程质量 – 质量管理 – 岗位培训 – 教材 Ⅳ . ① TM7

中国版本图书馆 CIP 数据核字（2022）第 105341 号

出版发行：中国电力出版社
地　　址：北京市东城区北京站西街 19 号（邮政编码 100005）
网　　址：http：//www.cepp.sgcc.com.cn
责任编辑：孙建英（010-63412369） 代　旭
责任校对：黄　蓓　王海南
装帧设计：赵姗杉
责任印制：吴　迪

印　　刷：三河市万龙印装有限公司
版　　次：2022 年 10 月第一版
印　　次：2022 年 10 月北京第一次印刷
开　　本：710 毫米 ×980 毫米　16 开本
印　　张：15.25
字　　数：270 千字
印　　数：0001—1000 册
定　　价：60.00 元

前 言

当前，电力建设事业发展迅速，科学技术日新月异，新标准、新法规相继颁布。活跃在施工现场一线的技术管理人员，其业务水平和管理水平的高低，已经成为决定电力建设工程能否有序、高效、高质量完成的关键。为满足施工现场技术管理人员对业务知识的需求，我们在深入调查研究的基础上，组织相关工程技术人员编写了这套“电力工程施工现场人员岗位培训教材”，共有《技术员》《质量员》《计量员》《材料员》《造价员》《资料员》《机械员》《安全员》八个分册。

这套丛书理论联系实际，突出实践性和前瞻性，注重反映当前电力工程施工的新技术、新工艺、新材料、新设备、新流程和管理方法，也是编者多年现场工作经验的总结。

这套丛书主要介绍各类技术管理人员的岗位职责和工作内容，应掌握的专业技术知识和管理知识，以及有关的法规、标准等，是一套拿来就能学、能用的岗位培训用书。

本书为《质量员》分册，全面系统地介绍了作为施工现场的质量员所需掌握的知识要点、管理规定、相关法规等，主要内容包括：综述、基础工程、结构工程、屋面及其他防水工程、装饰工程、锅炉及风电机务安装、汽轮发电机组安装、电气设备安装、热控设备安装、焊接施工、竣工资料的编制等。

本书由孟祥泽担任主编，刘磊、刘培勇、郭瓒担任副主编，参加编写的还有郭颜宾、孟令晋、李文广、刘瑞奇、高健、刘晓勇、孙玉强、马立民、王勇旗、张俊强、房伟杰、张鹏、徐子越、房秀玲等。

本书编写过程中得到了中国电力出版社、中国电建集团山东电力建设第一工程有限公司、华电莱州发电有限公司、华电淄博热电有限公司的大力支持，在此表示衷心的感谢。

本书虽经反复推敲，仍难免有疏漏和不当之处，恳请广大读者提出宝贵意见。

编　者

2022 年 10 月

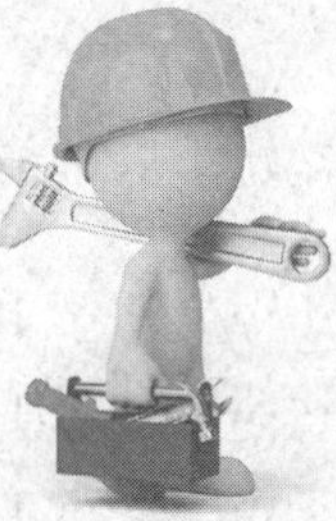

目　录

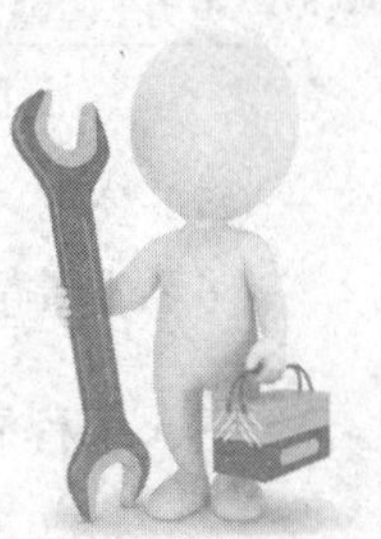

第一章　综述

第一节　工程质量管理概述

一、工程质量管理的含义

工程质量管理是指为保证和提高工程质量，运用一整套质量管理体系、手段和方法所进行的系统管理活动。工程项目建设投资大、建成及使用周期长，只有合乎质量标准，才能投入生产和交付使用，发挥投资效益，满足社会需要。

工程质量有符合型或满意型两种层次。符合型是指在施工过程中赋予工程满足设计和规范要求的固有特性。满意型是指在满足设计和规范要求的同时，满足业主的合理要求或期望。

工程质量管理的概念分为广义的和一般意义的。广义的工程质量管理，泛指建设全过程的质量管理，其范围贯穿于工程建设的决策、勘察、设计、施工的全过程。一般意义的工程质量管理，指的是工程施工阶段的管理。工程项目建设中的工程质量管理，要求把质量问题消灭在其形成过程中，以预防为主，并以全过程多环节致力于质量的提高。这就是要把工程质量管理的重点，以事后检查把关为主变为预防、改正为主，组织施工要制定科学的施工组织设计，从管结果变为管因素，把影响质量的诸因素查找出来，发动全员、全过程参与，依靠科学理论、程序、方法，使工程建设全过程都处于受控制状态。

二、工程质量检查的基本原则

（1）以施工图纸、标准规范为依据的原则。

（2）一切用数据说话的原则。

（3）敢于检查、敢于负责的原则。

（4）严谨认真的检查原则。

（5）公平、公正、公开的原则。

（6）质量帮助的原则。

三、工程质量的管理内容

1. 决策阶段的质量管理

此阶段质量管理的主要内容是在广泛搜集资料、调查研究的基础上，研究、分析、比较，决定项目的可行性和最佳方案。

2. 施工前的质量管理

施工前质量管理的主要内容是：

（1）对施工队伍的资质进行重新审查，包括各个分包商的资质审查。如果发现施工单位与投标时的情况不符，必须采取有效措施予以纠正。

（2）对所有的合同、技术文件和报告进行详细的审阅。如图纸是否完备，有无错漏空缺，各个设计文件之间有无矛盾之处，技术标准是否齐全等。除合同以外，应该重点审查的技术文件主要包括：

1）审核有关单位的技术资质证明文件；

2）审核开工报告并经现场核实；

3）审核施工方案、施工组织设计和技术措施；

4）审核有关材料、半成品的质量检验报告；

5）审核反映工序质量的统计资料；

6）审核设计变更、图纸修改和技术核定书；

7）审核有关质量问题的处理报告；

8）审核有关工序交接检查，分项、分部工程质量检查报告；

9）审核并签署现场有关技术签证、文件等。

（3）配备检测试验设备和仪器，审查合同中关于检验的方法、标准、次数和取样的规定。

（4）审阅进度计划和施工方案。

（5）对施工中将要采取的新技术、新材料、新工艺进行审核，核查鉴定书和试验报告。

（6）对材料和工程设备的采购进行检查，检查采购是否符合规定的要求。

（7）协助完善质量保证体系。

（8）对工地各方面负责人和主要的施工机械进行进一步的审核。

（9）做好设计技术交底，明确工程各个部分的质量要求。

（10）准备好简历、质量管理表格。

（11）准备好担保和保险工作。

（12）签发动员预付款支付证书。

（13）全面检查开工条件。

3. 施工过程中的质量管理

（1）工序质量控制，包括施工操作质量和施工技术管理质量：

1）确定工程质量控制的流程；

2）主动控制工序活动条件，主要指影响工序质量的因素；

3）及时检查工序质量，提出对后续工作的要求和措施；

4）设置工序质量的控制点。

（2）设置质量控制点。对技术要求高，施工难度大的某个工序或环节，设置技术和监理的重点，重点控制操作人员、材料、设备、施工工艺等；针对质量通病或容易产生不合格产品的工序，提前制定有效的措施，重点控制；对于新工艺、新材料、新技术，需要特别加以重视。

（3）工程质量的预控。

（4）质量检查。包括操作者的自检、班组内互检和各个工序之间的交接检查，施工员的检查和质量员的巡视检查，监理和政府质检部门的检查。具体包括：

1）装饰材料、半成品、构配件、设备的质量检查，并检查相应的合格证、质量保证书和实验报告；

2）分项工程施工前的预检；

3）施工操作质量检查，隐蔽工程的质量检查；

4）分项分部工程的质检验收；

5）单位工程的质检验收；

6）成品保护质量检查。

（5）成品保护。

1）合理安排施工顺序，避免破坏已有产品；

2）采用适当的保护措施；

3）加强成品保护的检查工作。

（6）竣工技术资料。主要包括以下的文件：材料和产品出厂合格证或者检验证明、设备维修证明；施工记录；隐蔽工程验收记录；设计变更、技术核定、技术洽商；水、暖、电、通信设备的安装记录；土建施工记录、电力设备安装记录；质检报告；竣工图、竣工验收表等。

（7）质量事故处理。一般质量事故由总监理工程师组织进行事故分析，并责成有关单位提出解决办法。重大质量事故，须报告业主、监理主管部门和有关单位，由各方共同解决。

4. 工程完成后的质量管理

按合同的要求进行竣工检验，检查未完成的工作和留有缺陷的工作，及时解决质量问题。编制竣工图和竣工资料。维修期内负责相应的维修责任。

第二节　质量员工作职责

质量员的工作职责包括：

（1）认真贯彻执行国家及省市的质量政策、规程、标准及有关加强质量管理工作的规定和要求。

（2）质量计划准备：

1）参与进行施工质量策划。

2）参与制定质量管理制度。

（3）材料质量控制：

1）参与材料、设备的采购。

2）负责核查进场材料、设备的质量保证材料，监督进场材料的抽样复验。

3）负责监督、跟踪施工试验，负责计量器具的符合性审查。

（4）工序质量控制：

1）参与施工图会审和施工方案审查。

2）参与制定工序质量控制措施。

3）负责工序质量检查和关键工序、特殊工序的旁站检查，参与交接检验、隐蔽验收、技术复核。

4）负责检验批和分项工序的质量验收、评定，参与分部工程的质量验收，评定。

（5）质量问题处置：

1）参与制定质量通病预防和纠正措施。

2）负责监督质量缺陷的处理。

3）参与质量事故的调查、分析和处理。

（6）质量材料管理：

1）负责质量检查的记录，编制质量资料。

2）负责汇总、整理、移交质量资料。

第二章　基础工程

“地基”与“基础”是两个概念，但两者关系密切，故统一放在本章讲解。

“地基”其实就是基础所在之地，是承载基础的场地，是指建（构）筑物下面支承基础的土体或岩体。“基础”是指建筑底部与地基接触的承重构件，它的作用是把建筑上部的荷载传给地基。地基与基础是所有建（构）筑物的根基，因此必须坚固、稳定、耐久可靠。

地基与基础工程是开工的第一个分部工程，就施工工序来讲大体可以按测量放线、降水、土方开挖（或爆破）、基坑支护、土方回填、地基处理与基础施工等。本章重点讲土方开挖、基坑支护、土方回填和地基处理与基础施工质量要求及验收。

第一节　土方工程

一、土方开挖质量要求及验收

（1）机械挖方及场地整平顶面标高偏差控制在 +100 ～ −50mm 范围内，不得扰动老土。

（2）挖方几何尺寸偏差控制在 +20 ～ 0mm 范围内；表面平整偏差不大于 20mm。

（3）排水管纵向坡度控制为 5‰。

（4）挖土机严禁碰挂网用土钉、回填层、底板结构等。

（5）测量员随时测量，保证基底标高和基坑边线与设计图纸相一致。

（6）土方开挖前检查定位放线、排水和降低地下水位系统，合理安排土方运输车的行走路线及弃土场。

（7）施工过程中应检查平面位置、水平标高、边坡坡度、压实度、降低地下水位系统，并随时观测周围的环境变化。

（8）平整场地的表面坡度应符合设计要求，如设计无要求时，排水沟方向的坡度不应小于 2‰。平整后的场地表面应逐点检查。检查点为每 100 ～ 400m^2 取 1 点，但不应少于 10 点；长度、宽度和边坡均为每 20m 取 1 点，每边不应少于 1 点。

二、基坑支护的质量要求及验收

（一）排桩、地下连续墙支护

1. 排桩、地下连续墙施工质量要求

（1）排桩施工的主要质量要求。

1）桩位偏差，轴线和垂直轴线方向均不宜超过 50mm。垂直度偏差不宜大于 0.5%。

2）钻孔灌注桩桩底沉渣不宜超过 200mm；当用作承重结构时，桩底沉渣按有关要求执行。

3）排桩宜采取隔桩施工，并应在灌注混凝土 24h 后进行邻桩成孔施工。

4）非均匀配筋排桩的钢筋笼在绑扎、吊装和埋设时，应保证钢筋笼的安放方向与设计方向一致。

5）冠梁施工前，应将支护桩桩顶浮浆凿除清理干净，桩顶以上露出的钢筋长度应达到设计要求。

（2）地下连续墙施工的主要质量要求。

1）地下连续墙单元槽段长度可根据槽壁稳定性及钢筋笼起吊能力划分，宜为 4 ～ 8m。

2）施工前宜进行墙槽成槽试验，确定施工工艺流程，选择操作技术参数。

3）槽段的长度（沿轴线方向）允许偏差 ±50mm；槽段厚度允许偏差 ±10mm；槽段倾斜度不大于 1/150。

（3）锚杆施工的主要质量要求。

1）锚杆钻孔水平方向孔距误差不宜大于 100mm，偏斜度不宜大于 3%。

2）注浆管宜与锚杆杆体绑扎在一起，一次注浆管距孔底宜为 100 ～ 200mm，二次注浆管的出浆孔应进行可灌密封处理。

3）浆体应按设计配制，一次灌浆宜选用灰砂比 1 : 1 ～ 1 : 2、水灰比 0.38 ～ 0.45 的水泥砂浆，或水灰比 0.45 ～ 0.50 的水泥浆，二次高压注浆宜使用水灰比 0.45 ～ 0.55 的水泥浆。

4）二次高压注浆压力宜控制在 2.5 ～ 5.0MPa 之间，注浆时间可根据注浆工

艺试验确定或一次注浆锚固体强度达到5MPa后进行。

5）锚杆的张拉与施加预应力（锁定）应符合以下规定：①锚固段强度大于15MPa并达到设计强度等级的75%后方可进行张拉；②锚杆张拉顺序应考虑对邻近锚杆的影响；③锚杆宜张拉至设计荷载0.9～1.0倍后，再按设计要求锁定；④锚杆张拉控制应力不应超过锚杆杆体强度标准值的0.75倍。

（4）支撑体系施工的主要质量要求。

1）支撑结构的安装与拆除顺序，应同基坑支护结构的设计计算工况相一致，必须严格遵守先支撑后开挖的原则。

2）立柱穿过主体结构底板以及支撑结构穿越主体结构地下室外墙的部位，应采用止水构造措施。

3）钢支撑的端头与冠梁或腰梁的连接应符合以下规定：①支撑端头应设置厚度不小于10mm的钢板作封头端板，端板与支撑杆件满焊，焊缝厚度及长度能承受全部支撑力或与支撑等强度，必要时，增设加劲肋板；肋板数量、尺寸应满足支撑端头局部稳定要求和传递支撑力的要求。②支撑端面与支撑轴线不垂直时，可在冠梁或腰梁上设置预埋铁件或采取其他构造措施以承受支撑与冠梁或腰梁间的剪力。

4）钢支撑预加压力的施工应符合下列要求：①支撑安装完毕后，应及时检查各节点的连接状况，经确认符合要求后可施加预压力，预压力的施加应在支撑的两端同步对称进行。②预压力应分级施加，重复进行，加至设计值时，应再次检查各连接点的情况，必要时应对节点进行加固，待额定压力稳定后锁定。

2. 排桩、地下连续墙施工质量检测

（1）混凝土灌注桩质量检测，当采用低应变动测法检测桩身完整性，检测数量不宜少于总桩数的10%，且不得少于5根；当根据低应变动测法判定的桩身缺陷可能影响桩的水平承载力时，应采用钻芯法补充检测，检测数量不宜少于总桩数的2%，且不得少于3根。

（2）地下连续墙宜采用声波透射法检测墙身结构质量，检测槽段数应不少于总槽段数的20%，且不应少于3个槽段。

（3）当对钢筋混凝土支撑结构或对钢支撑焊缝施工质量有怀疑时，宜采用超声探伤等非破损方法检测，检测数量根据现场情况确定。

（二）水泥土墙支护

1. 水泥土墙施工质量要求

（1）水泥土墙应采取切割搭接法施工。应在前桩水泥土尚未固化时进行后序

搭接桩施工。施工开始和结束的头尾搭接处，应采取加强措施，消除搭接勾缝。

（2）深层搅拌水泥土墙施工前，应进行成桩工艺及水泥掺入量或水泥浆的配合比试验，以确定相应的水泥掺入比或水泥浆水灰比，浆喷深层搅拌的水泥掺入量宜为被加固土重度的 15% ～ 18%；粉喷深层搅拌的水泥掺入量宜为被加固土重度的 13% ～ 16%。

（3）高压喷射注浆施工前，应通过试喷试验，确定不同土层旋喷固结体的最小直径、高压喷射施工技术参数等。高压喷射水泥水灰比宜为 1.0 ～ 1.5。

（4）深层搅拌桩和高压喷射桩水泥土墙的桩位偏差不应大于 50mm，垂直度偏差不宜大于 0.5%。

（5）当设置插筋时桩身插筋应在桩顶搅拌完成后及时进行。插筋材料、插入深度和出露长度等均应按计算和构造要求确定。

（6）高压喷射注浆应按试喷确定的技术参数施工，切割搭接宽度对旋喷固体不宜小于 150mm；对摆喷固结体不宜小于 150mm；对定喷固结体不宜小于 200mm。

2. 水泥土墙施工质量检测

（1）水泥土桩应在施工后一周内进行开挖检查或采用钻孔取芯等手段检查成桩质量，若不符合设计要求应及时调整施工工艺。

（2）水泥土墙应在设计开挖龄期采用钻芯法检测墙身完整性，钻芯数量不宜少于总桩数的 2%，且不应少于 5 根；并应根据设计要求取样进行单轴抗压强度试验。

（三）土钉墙支护

1. 土钉墙施工质量要求

（1）上层土钉注浆以及喷射混凝土面需达到设计强度的 70% 后，方可开挖下层土方及进行下层土钉施工。

（2）基坑开挖和土钉墙施工应按设计要求自上而下分段分层进行。坡面平整度的允许偏差宜为 ±20mm。

（3）土钉成孔施工孔深允许偏差 ±50mm；孔径允许偏差 ±5mm；孔距允许偏差 ±100mm；成孔倾角允许偏差 ±5%。

（4）喷射混凝土作业应分段进行，同一分段内喷射顺序应自下而上，一次喷射厚度不宜小于 40mm；喷射混凝土时，喷头与受喷面应保持垂直，距离宜为 0.6 ～ 1.0m；喷射混凝土终凝 2h 后，应喷水养护，养护时间根据气温确定，宜为 3 ～ 7h。

（5）喷射混凝土面层中的钢筋应在喷射一层混凝土后铺设，钢筋保护层厚度不宜小于 20mm；采用双层钢筋网时，第二层钢筋网应在第一层钢筋网被混凝土覆盖后铺设；钢筋网与土钉应连接牢固。

（6）土钉注浆材料宜选水泥浆或水泥砂浆；水泥浆的水灰比宜为 0.5，水泥砂浆配合比宜为 1∶1 ～ 1∶2（重量比），水灰比宜为 0.38 ～ 0.45；水泥浆、水泥砂浆应拌和均匀，随拌随用，一次拌和的水泥浆、水泥砂浆应在初凝前用完。

（7）注浆前应将孔内残留或松动的杂土清除干净；注浆开始或中途停止超过 30min 时，应用水或稀水泥润滑注浆泵及其管路；注浆时，注浆管应插至距孔底 250 ～ 500mm 处，空口部位宜设置止浆塞及排气管；土钉钢筋应设定位架。

2. 土钉墙施工质量检测

（1）土钉采用抗拉试验检测承载力，同一条件下，试验数量不宜少于土钉总数的 1%，且不应少于 3 根。

（2）墙面喷射混凝土厚度应采用钻孔检测，钻孔数宜每 100m^2 墙面积一组，每组不应少于 3 点。

（四）基坑支护工程施工验收应注意的问题

（1）施工顺序应严格按施工方案规定的施工顺序进行土方开挖施工，应分层、分段依次进行，形成一定的坡度，以利于排水。

（2）严禁超挖、控制开挖速度，防止土体失稳或渗流破坏。

（3）基坑底部的开挖宽度和坡度，除应考虑结构尺寸要求外，应根据施工需要增加工作面宽度，如排水设施、基坑支护等所需要的宽度。

（4）基坑周边应做好排水设施，防止地表水流入基坑。

（5）边坡周围不准堆放重物（土方、材料等）和长时间停放重型机械。

三、土方回填质量及验收要求

（1）回填土的质量采用干容重法控制，借以确定回填土的密实度，委托试验室定期做干容重试验。按设计要求，–2.0m 以下，压实系数大于 0.96，承载力标准值不小于 150kPa；–2.0m 以上，压实系数大于 0.93，承载力标准值要求大于 100kPa。

（2）人工填方顶面标高偏差不得超过 ±20mm。

（3）填方几何尺寸应大于等于设计值；表面平整偏差不大于 20mm。

第二节 地基处理与基础工程

地基处理就是按照上部结构对地基的要求，对地基进行必要的加固或改良，提高地基土的承载力，保证地基稳定，减少建筑物的沉降或不均匀沉降，消除湿陷性黄土的湿陷性及提高抗液化能力。

一、地基处理

1. 换填垫层法的质量检验

垫层的施工质量检验应分层进行。

（1）检验方法。

1）粉质黏土、灰土、粉煤灰、砂石垫层采用环刀法、贯入仪、静力触探、轻型触探、轻型动力触探或标准贯入试验检验。

2）砂石、矿渣垫层采用重型动力触探检验。

3）设计压实系数所对应的贯入度应通过现场试验确定或采用环刀法、灌砂法、灌水法或其他方法检验。

（2）取样数量。

1）环刀法：大基坑每 50 ～ 100m^2 不少于 1 个点，基槽每 10 ～ 20m 不少于 1 个点，每个独立柱基不少于 1 个点。取样点位于每层厚度的 2/3 深度处。

2）贯入仪、动力触探：每分层检验点的间距应小于 4m。

2. 预压法的质量检验

（1）查看检测报告确认承载力或其他性能是否符合设计要求。

（2）使用水准仪测量预压载荷偏差不大于 2%（如真空预压，预压载荷的检查为真空度降低值小于 2%）。

（3）固结度（与设计要求比）不大于 2%。

（4）使用水准仪测量沉降速率（与控制值比）± 10%。

（5）用钢尺检查砂井或塑料排水带位置偏差 ± 100mm。

（6）插入时用经纬仪检查砂井或塑料排水带插入深度偏差 ± 200mm。

（7）用钢尺检查插入塑料排水带时的回带长度不大于 500mm。

（8）用钢尺检查塑料排水带或砂井高出砂垫层距离不小于 200mm。

（9）用目测、点数的方法检查插入塑料排水带的回带根数小于 5%。

3. 强夯法的质量检验

（1）检查强夯施工过程中的各项测试数据和施工记录，不符合设计要求时应补夯和采取其他有效措施。

（2）强夯施工结束后应间隔一定时间方能对地基质量进行检验。对于碎石土和砂土地基，其间隔可为 1～2 周；低饱和度的粉土和黏性土地基可为 2～4 周。

（3）质量检验的方法，宜根据土性选用原位测试和室内土工试验。对于一般工程应采取两种或两种以上的方法进行检验；对于重要工程项目应增加检验项目，也可做现场大压板载荷试验。

（4）质量检验的数量，应根据场地复杂程度和建筑的重要性确定。对于简单场地上的一般建筑物，每个建筑物地基的检验点不应少于 3 处；对于复杂场地或重要建筑物地基应增加检验点数。检验深度应不小于设计处理的深度。

4. 振冲法的质量检验

（1）振冲施工结束后，除砂土地基外，应间隔一定时间后方可进行质量检验。对粉质黏土地基间隔时间可为 21 ～ 28 天，对粉土地基可为 14 ～ 21 天。

（2）振冲桩的施工质量检验可采用单桩载荷试验，检验数量为桩数的 0.5%，且不少于 3 根。对碎石桩体检验可用重型动力触探进行随机检验。对桩间土的检验可在处理深度内用标准贯入、静力触探等进行检验。

5. 挤密法的质量检验

成桩后，应及时抽样检验灰土挤密桩或素土挤密桩处理地基的质量。对一般工程，主要应检查施工记录、检测全部处理深度内桩体和桩间土的干密度，并将其分别换算为平均压实系数和平均挤密系数。对重要工程，除检测上述内容外，还应测定全部处理深度内桩间土的压缩性和湿陷性。

抽样检验的数量，对一般工程不应少于桩总数的 1%；对重要工程不应少于桩总数的 1.5%。

夯实质量的检验方法有下列几种：

（1）轻便触探检验法。先通过试验夯填，求得“检定锤击数”，施工检验时以实际锤击数不小于检定锤击数为合格。

（2）环刀取样检验法。先用洛阳铲在桩孔中心挖孔或通过开剖桩身，从基底算起沿深度方向每隔 1.0 ～ 1.5m 用带长把的小环刀分层取出原状夯实土样，测定其干密度。

（3）载荷试验法。对重要的大型工程应进行现场载荷试验和浸水载荷试验，直接测试承载力和湿陷情况。

上述前两项检验法，其中对灰土桩应在桩孔夯实后48h内进行，二灰桩应在36h内进行，否则将由于灰土或二灰的胶凝强度的影响而无法进行检验。

对一般工程，主要应检查桩和桩间土的干密度和承载力；对重要或大型工程，除应检测上述内容外，尚应进行载荷试验或其他原位测试。也可在地基处理的全部深度内取样测定桩间土的压缩性和湿陷性。

6. 水泥土搅拌法的质量检验

水泥土搅拌桩的质量控制应贯穿在施工的全过程，施工过程中必须随时检查施工记录和计量记录，并对照规定的施工工艺对每根桩进行质量评定。检查重点是：水泥用量、桩长、搅拌头转数和提升速度、复搅次数和复搅深度、停浆处理方法等。

在施工期，每根桩均应有一份完整的质量检验单，施工人员签名后作为施工档案。质量检验主要有以下各项。

（1）桩位。通常桩位放线的偏差不应超过2cm，成桩后桩位偏差不应大于5cm。

（2）桩顶、桩底高程均应满足设计要求。桩底一般应低于设计高程10～20cm，桩顶应高于设计高程0.5m。

（3）桩身垂直度。垂直度误差不应超过1%。

（4）搅拌头上提喷浆（喷粉）的速度。一般均在上提时喷浆或喷粉，提升速度不超过0.5m/min。

（5）外掺剂的选用。采用的外掺剂应按设计要求配置。

（6）浆液水灰比。通常为0.45～0.5，不宜超过0.5。浆液拌和的时间应按此水灰比定量加水。

（7）水泥浆液搅拌均匀性。应注意储浆桶内浆液的均匀性和连续性，喷浆时不允许出现管道堵塞或爆裂的现象。

（8）喷粉搅拌的均匀性。应有水泥自动计量装置，随时指示喷粉过程中的各项参数，包括压力、喷粉速度和喷粉量。

（9）成桩3天内，可用轻型动力触探（N10）检查每米桩身的均匀性，检验数量为总桩数的1%，且不少于3根。

7. 高压旋喷法的质量检验

（1）施工前检查。

施工前对原材料、施工机械及喷射工艺等进行检查，主要有以下几个方面：

1）原材料（包括水泥、掺合料、速凝剂、悬浮剂等外加剂）的质量合格证及复验报告，拌和用水的鉴定结果。

2）浆液配合比是否适合工程实际土质条件。

3）机械设备是否正常。

4）检查喷射工艺是否适合地质条件，在施工前应进行试喷，试喷在原桩位进行，试喷桩孔数量不得少于2孔，必要时调整喷射工艺参数。

5）施工前还应对施工障碍情况进行统一排查，以保证钻进和喷射达到设计要求。

6）施工前检查桩位，压力表、流量表的精度和灵敏度。

（2）施工中检查。

施工中检查的内容有：

1）钻杆的垂直度及钻头定位。

2）水泥浆液配合比及材料称量。

3）钻机转速、沉钻速度、提钻速度及旋转速度等。

4）喷射注浆时喷浆（喷水、喷气）的压力、注浆速度及注浆量。

5）孔位处的冒浆状况。

6）喷嘴下沉标高及注浆管分段提升时的搭接长度。

7）施工记录是否完备，施工记录应在每提升1m或土层变化交界处记录一次压力流量数据。

（3）施工后检查。

施工后主要对加固土体进行检查，包括：

1）固结土体的整体性及均匀性。

2）固结土体的有效直径。

3）固结土体的强度、平均直径、桩身中心位置。

4）固结土体的抗渗性。

（4）高压旋喷桩成桩质量检查：

1）质量检验时间、内容：施工对喷射施工质量的检验，应在高压喷射注浆结束后1周，检查内容主要为加固区域内取芯实验等。

2）质量检验数量、部位检验点的数量为施工注浆孔数的2%～5%，对不足20孔的工程，至少应检验2个点，不合格者应进行补喷。检验点应布置在下列部位：荷载较大的部位、桩中心线上、施工中出现异常情况的部位。

3）检验方法旋喷桩的检验可采用钻孔取芯方法进行。钻孔取芯：在已施工好的固结体中钻取岩芯，并将其做成标准试件进行室内物理力学性能试验，检查内部桩体的均匀程度，及其抗渗能力。

二、基础工程

1. 钢筋工程质量及验收要求

（1）钢筋的品种、规格、质量、数量符合设计要求及施工规范规定。

（2）钢筋必须有出厂合格证、原材报告及复试报告，钢筋的碰焊必须有焊接试验报告单，钢筋的焊接必须符合设计要求和规范规定。

（3）钢筋绑扎时，严格按照设计要求的规格、数量进行，不得随意调整，钢筋的代换必须有代换单。

（4）绑扎的钢筋要牢固，不允许变形，缺、松扣数量不得超过20%。

（5）钢筋表面应平直、洁净，不应有油污、漆污、损伤、片状老锈、麻点等。

（6）螺纹钢筋的焊接不得有咬边和刺伤主筋的现象。

（7）主筋间距偏差 ±20mm，主筋长度偏差10mm，主筋保护层偏差 ±10mm；受力筋间距偏差 ±10mm，受力筋排距偏差 ±5mm，受力筋保护层偏差 ±5mm；柱骨架偏差 ±10mm，柱箍筋间距偏差 ±20mm。

2. 模板工程质量及验收要求

（1）模板及其支撑牢固可靠，具有足够的强度、刚度和稳定性。

（2）模板表面光洁平整，无砼残渣及板面破损现象；模板表面涂刷脱膜剂均匀无遗漏，以便模板拆除；模板缝应严密，模板内部清理干净、无杂物，做模板用的木条表面要平整、光滑。

（3）基础模板中心线位置偏差不大于5mm，柱模板中心偏差不大于3mm；柱截面尺寸偏差不大于3mm；模板垂直偏差不大于5mm；预埋件中心线位移偏差不大于5mm，预埋件水平高差不大于3mm；模板接缝宽度偏差不大于1.5mm，基础半径偏差 ±10mm，模板标高偏差 ±5mm，基础中心位移偏差 ±5mm。

3. 混凝土工程质量及验收要求

（1）混凝土组成材料包括钢材、水泥、石子、砂子等的品种、规格、质量符合设计要求及有关现行施工规范标准规定，并要有合格的试验报告单和材质报告。

（2）混凝土严格按照配合比配制，并按规定取样做试验，混凝土强度应符合设计要求。

（3）混凝土独立基础部分选用普通硅酸盐水泥，筏板基础部分采用矿渣水泥，并按照试配掺加粉煤灰；严格控制砂、石子的含泥量及水灰比。

（4）混凝土要内实外光，蜂窝、麻面控制在规范允许范围之内，不得有孔洞、露筋现象。

（5）混凝土上表面标高偏差 ±10mm；基础中心线位移偏差不大于 10mm，柱中心线位移偏差不大于 5mm，基础外形尺寸偏差不大于 10mm。

第三章　结构工程

结构工程是指在房屋建筑中，由若干构件连接而成的能承受作用的平面或空间体系。主体结构要具备足够的强度、刚度、稳定性，用以承受建筑物上的各种荷载，如地基、承重墙等。建筑物主体结构可以由一种或者多种材料构成。质量监督的重点是对涉及工程主体结构安全和主要使用功能的项目进行实体抽查验证及对相关工程施工记录、验收资料进行核查；核查工程质量验收程序，查验工程质量验收结论；对关键工序、重点项目与薄弱环节项目和可能存在隐患的检查项目（部位）委托第三方检测机构进行抽检复核。

第一节　砌体工程

砌体主要由块材和砂浆组成，其中砂浆作为胶结材料将块材结合成整体，以满足正常使用要求及承受结构的各种荷载。块材分为砖、石及砌块三大类。砌筑用砖分为实心砖和空心砖两种。根据使用材料和制作方法的不同，实心砖分为烧结普通砖、蒸压灰砂砖、蒸压粉煤灰砖和炉渣砖等。砌筑用石分为毛石和料石两类。毛石是指形状不规则但有两个平面大致平行的石块。料石是指经过加工形状较规则的六面体石块。砌块按使用材料分为普通混凝土砌块、粉煤灰砌块、煤矸石粉煤灰砌块、加气混凝土砌块、陶粒混凝土空心砌块、炉渣混凝土空心砌块和火山灰混凝土砌块等，按大小分为小型砌块和中型砌块。

砌筑砂浆根据组成材料的不同分为水泥砂浆、混合砂浆、石灰砂浆、黏土砂浆。砌体工程中常用水泥砂浆和混合砂浆。

砌体工程是建筑工程中的一个主要分部工程，主要包括砌砖、砌块和砌石三部分。

一、砖砌体工程

（一）现场抽查验证要点

砖砌体工程在现场主要对砖、接槎、砂浆饱满度、轴线、垂直度、组砌方式等进行检查。

1. 砖

砌筑烧结普通砖、烧结多孔砖、蒸压灰砂砖、蒸压粉煤灰砖砌体时，砖应提前 1 ～ 2d 适度湿润，不得采用干砖或处于吸水饱和状态的砖砌筑。块体湿润程度应符合下列规定：

（1）烧结类块体的相对含水率为 60% ～ 70%；

（2）混凝土多孔砖及混凝土实心砖不宜浇水湿润，但在气候干燥炎热的情况下，应在砌筑前对其浇水湿润，其他非烧结类块体的相对含水率为 40% ～ 50%。

2. 接槎

在砖砌体转角处、交接处应同时砌筑，严禁无可靠措施的内外墙分砌施工。在抗震设防烈度为 8 度及以上地区，对不能同时砌筑而又必须留置的临时间断处应砌成斜槎，普通砖砌体斜槎水平投影长度不应小于高度的 2/3，多孔砖砌体的斜槎长高比不应小于 1/2，斜槎高度不得超过一步脚手架的高度。非抗震设防及抗震设防烈度为 6 度、7 度地区的临时间断处，当不能留斜槎时，除转角处外，可留直槎，但直槎必须做成凸槎。留直槎处应加设拉结钢筋，拉结钢筋的数量为每 120mm 墙厚应放置 1ϕ6 拉结钢筋（120mm 厚墙应放置 2ϕ6 拉结钢筋），间距沿墙高不应超过 500mm，且竖向间距偏差不得超过 100mm，埋入长度从留槎处算起每边均不应小于 500mm，对抗震设防烈度为 6 度、7 度的地区，不应小于 1000mm；末端应有 90° 弯钩。

3. 砂浆饱满度

砖墙的灰缝宽度宜为 100mm，且不应小于 8mm，也不应大于 12mm。砖墙的水平灰缝砂浆饱满度不得小于 80%，垂直灰缝应采用挤浆或加浆方法，不得出现透明缝、瞎缝和假缝。不得用水冲浆灌缝。

4. 轴线

轴线位移偏差应符合规范要求。

5. 垂直度

垂直度的偏差应符合规范要求。

6. 组砌形式

砖墙砌筑形式有全顺、两平一侧、全丁、一顺一丁、梅花丁或三顺一丁等。通常情况下宜采用一顺一丁、梅花丁、三顺一丁方式组砌。清水墙组砌正确，不应出现通缝，接槎密实、平直；混水墙上下错缝每间（处）4～6皮砖的通缝小于或等于3处，砌体接槎且不在同一面墙体上；每个接槎部位水平灰缝厚度小于5mm或透亮缺陷不超过3个。

（二）资料检查要点

砖砌体的资料检查主要是对原材料的检测报告、出厂合格证明、复检试验报告、砂浆配合比、砂浆抗压强度报告、检验批验收记录等资料进行检查。

1. 原材料的检测报告、出厂合格证明

水泥出厂合格证、出厂检验报告、进场复试报告；砂子进场试验报告；粉煤灰出厂合格证、出厂检验报告、进场复试报告；外加剂出厂合格证、外加剂使用说明书、进场复试报告；水质化验报告；烧结普通砖、烧结多孔砖、混凝土多孔砖、混凝土实心砖、蒸压灰砂砖进场复检报告。

2. 砂浆配合比

（1）砌筑砂浆应进行配合比设计，根据现场的实际情况进行计算和试配确定，并同时满足稠度、保水率和抗压强度的要求。砌筑砂浆的稠度（流动性）按照表3-1选用。

表3-1　砌筑砂浆的稠度

砌体种类	砂浆稠度（mm）
烧结普通砖砌体、蒸压粉煤灰砖砌体	70～90
混凝土实心砖砌体、混凝土多孔砖砌体、普通混凝土小型空心砌块砌体、蒸压灰砂砖砌体	50～70
烧结多孔砖砌体、空心砖砌体、轻骨料小型空心砌块砌体、蒸压加气混凝土砌块砌体	60～80
石砌体	30～50

注　当砌筑材料为粗糙多孔且吸水性较大的块料或在干热条件下砌筑时，应选用较大稠度值的砂浆，反之，应选用较小稠度值的砂浆。

（2）施工中不应采用强度等级小于M5的水泥砂浆替代同强度等级水泥混合砂浆，如需替代，应将水泥砂浆提高一个强度等级。

3. 砂浆抗压强度报告

由边长为 7.07cm 的正方体试块，经过 28d 标准养护，测得一组 3 块的抗压强度值来评定。砂浆试块应在卸料过程中的中间部位随机取样，现场制作，同盘砂浆只应制作一组试块。

4. 检验批验收记录

根据现场审批的土建工程项目划分表，抽查砖砌体工程的分项工程质量验收记录、砖砌体工程检验批质量验收记录、主体结构分部（子分部）工程质量控制资料核查记录。

在砖砌体工程质量验收资料的抽查过程中，首先应查看项目检验划分的合理性，其次检查质量验收记录的全面性，在设计用试验报告证明的项目，应填写试验报告的编号，对偏差检查项目应与现场实测结果对照检查。

二、混凝土小型空心砌块工程

（一）现场抽查验证要点

混凝土小型空心砌块工程在现场主要对小砌块、接槎、砂浆饱满度、轴线、垂直度、组砌方式等进行检查。

1. 小砌块

混凝土小型空心砌块分为普通混凝土小型空心砌块和轻骨料混凝土小型空心砌块两种，普通混凝土小型空心砌块不需对小砌块浇水湿润，如遇天气干燥炎热，宜在砌筑前对其喷水湿润；轻骨料混凝土小型空心砌块应提前浇水湿润，块体的相对含水率宜为 40% ～ 50%。雨天及小砌块表面有浮水时，不得施工。

2. 接槎

砌筑应从转角或定位处开始，内外墙同时砌筑，纵横交错搭接。外墙转角处应使小砌块隔皮露端面；T 字交接处应使横墙小砌块隔皮露端面。洞口砌筑和补砌，应在直槎上下搭砌的小砌块空洞内用强度等级不低于 C20 的混凝土灌实。

3. 砂浆饱满度

小砌块施工应对孔错缝搭接，灰缝应横平竖直，宽度宜为 8 ～ 12mm。砌体水平灰缝和竖向灰缝的砂浆饱满度按净面积计算不得小于 90%，不得出现透明缝、瞎缝和假缝。

4. 轴线

轴线位移偏差应符合规范要求。

5. 垂直度

垂直度的偏差应符合规范要求。

6. 组砌形式

小砌块墙体应孔对孔、肋对肋错缝搭砌。单排孔砌块的搭接长度为砌块长度的1/2；多排孔小砌块的搭接长度可适当调整，但不宜小于小砌块长度的1/3，且不应小于90mm。墙体的个别部位不能满足上述要求时，应在灰缝中设置拉结钢筋或者钢筋网片，但竖向通缝仍不能超过两皮小砌块。

（二）资料检查要点

混凝土小型空心砌块砌体的资料检查主要对原材料的检测报告、出厂证明资料、砂浆试块报告、砂浆配合比、检验批质量验收记录等资料进行检查。

1. 原材料的检测报告、出厂证明资料

水泥出厂合格证、出厂检验报告、进场复试报告；砂子进场试验报告；粉煤灰出厂合格证、出厂检验报告、进场复试报告；外加剂出厂合格证、外加剂使用说明书、进场复试报告；水质化验报告；小砌块复检报告。

2. 砂浆试块报告

砂浆试块的强度必须满足设计要求，凡在砂浆中掺入有机塑化剂、早强剂、缓凝剂、防冻剂等，应经检验和试配符合要求后，方可使用。有机塑化剂的砂浆应有砌体强度的型式检验报告。

3. 砂浆配合比

见砖砌体工程。

4. 检验批验收记录齐全

根据现场审批的土建工程项目划分表，抽查砖砌体工程的分项工程质量验收记录、砖砌体工程检验批质量验收记录、主体结构分部（子分部）工程质量控制资料核查记录。

在砖砌体工程质量验收资料的抽查过程中，首先应查看项目检验划分的合理性，其次检查质量验收记录的全面性，在设计用试验报告证明的项目，应填写试验报告的编号，对偏差检查项目应与现场实测结果对照检查。

三、石砌体工程

（一）现场抽查验证要点

毛石砌体工程在现场主要对坐浆与错口搭接、搭接与拉结石、砌体灰缝、留槎等进行检查。

1. 坐浆与错口搭接

砌毛石基础应在验槽合格后进行，砌筑时应双面挂线以防止轴线位移和宽度偏差。砌基底第一批毛石时，砂浆应坐浆，以保证石块下部能全部沾满灰浆，铺浆厚度应不小于 30mm，宽度要超出基础宽 20mm，以保证毛石外侧密实。

砌石应使大面朝下，平放卧砌，遇到翻茬石、斧刃石时，要对其加工，挑选平面去砌。砌好的石块要平稳，能承受上层毛石的压力。每砌一层毛石，都要给上层毛石留出槎口，槎口对接要平，使上下层毛石咬槎严密，以增强砌体强度，也能满足组砌缝式的需要。留槎应防止出现硬蹬槎、三角缝、重逢、斜重缝或槎口角度太小，当砌到近基顶时应跟线砌完找平石后，再用 C15 细石混凝土找平。

2. 搭接与拉结石

毛石基础分皮砌筑时，应考虑石块间的互相搭接，外侧砌一长块石，内里砌一短块石，下层是一短块石，上层摆一长块石，使砌体内外皮和上下层石块都能互相错缝搭接，成为一个整体，避免通缝的出现。为增强砌体的稳固性，毛石基础应设拉结石。拉结石应均匀分布，互相错开。毛石基础同一皮内每隔两米设置 1 块。对于阶梯形毛石基础，其上级阶梯应至少压砌下级 1/2，相邻阶梯的毛石应错缝搭砌。

3. 砌体灰缝

毛石砌体灰缝厚度以 20 ～ 30mm 为宜，灰浆应饱满密实，石块间较大的空隙应先填浆后用碎石块嵌实，不得先摆碎石块、后塞砂浆或干填碎石。砌石要求做到灰口均匀，铺灰时应铺足叠砌面，厚度大于灰缝 3 ～ 5mm，使石块砌上后砂浆得到压实，灰缝能保持大小适当。

4. 留槎

毛石砌体的交接及转交处应同时砌筑，转角处、交接处应自纵墙（或横墙）每隔 4 ～ 6 皮砖高度引出不小于 120mm 与横墙（或纵墙）相接。

（二）资料检查要点

毛石砌体的资料检查主要对原材料的检测报告、出厂证明资料、砂浆试块报告、砂浆配合比、检验批质量验收记录等资料进行检查。

1. 原材料的检测报告、出厂证明资料

水泥出厂合格证、出厂检验报告、进场复试报告；砂子进场试验报告；粉煤灰出厂合格证、出厂检验报告、进场复试报告；外加剂出厂合格证、外加剂使用说明书、进场复试报告；水质化验报告；小砌块复检报告。

2. 砂浆试块报告

砂浆试块的强度必须满足设计要求，凡在砂浆中掺入有机塑化剂、早强剂、缓凝剂、防冻剂等，应经检验和试配符合要求后，方可使用。有机塑化剂的砂浆应有砌体强度的型式检验报告。

3. 砂浆配合比

见砖砌体工程。

4. 检验批验收记录齐全

根据现场审批的土建工程项目划分表，抽查毛石砌体工程的分项工程质量验收记录、砖砌体工程检验批质量验收记录、主体结构分部（子分部）工程质量控制资料核查记录。

在毛石砌体工程质量验收资料的抽查过程中，首先应查看项目检验划分的合理性，其次检查质量验收记录的全面性，在设计用试验报告证明的项目，应填写试验报告的编号，对偏差检查项目应与现场实测结果对照检查。

5. 抽查施工过程资料

在抽查资料的过程中，应对施工过程记录资料进行查看，施工记录能充分地反应施工过程的实际情况，是重要的施工质量控制资料，毛石砌体施工记录主要抽查砌体垂直度检测记录、砂浆使用记录等。

四、填充墙砌体

（一）现场抽查验证要点

填充墙砌体工程在现场主要对填充墙砌筑、拉结筋设置、填充墙灰缝饱满度、填充墙灰缝厚度、砌体尺寸及位置进行抽查。

1. 填充墙砌筑

（1）填充墙砌体应与主体结构可靠连接，其连接构造应符合设计，未经设计同意不得随意改变连接构造方法。每一填充墙与柱的拉结筋的位置超过一皮块体高度的数量不得多于一处。

（2）填充墙拉结筋处的下皮小砌块宜采用半盲孔小砌块或用混凝土灌实孔洞的小砌块；薄灰砌筑法使用的蒸压加气混凝土砌块砌体，拉结筋应放置在砌块上表面设置的沟槽内。

（3）蒸压加气混凝土砌块、轻骨料混凝土小型空心砌块不应与其他块体混砌，不同强度等级的同类块体也不得混砌。

（4）砌筑填充墙时应错缝搭砌，蒸压加气混凝土砌块搭砌长度不应小于砌块长度的1/3，轻骨料混凝土小型空心砌块搭砌长度不应小于90mm，竖向通缝不应大于2皮。

（5）在厨房、卫生间、浴室等处采用轻骨料混凝土小型空心砌块、蒸压加气混凝土砌块砌筑墙体时，墙底部宜现浇混凝土坎台，其高度宜为150mm。

2. 拉结筋设置

（1）填充墙与承重墙、柱、梁的连接钢筋，当采用植筋的连接方式时，应进行实体检测。

（2）填充墙留置的拉结钢筋或网片的位置应与块体皮数相符合。拉结钢筋或网片应置于灰缝中。埋置长度应符合设计要求，竖向位置偏差不应超过一皮高度。

3. 填充墙灰缝饱满度

空心砖砌体的水平及垂直灰缝的砂浆饱满度大于或等于80%，垂直灰缝应填满砂浆，不得有透明缝、瞎缝、假缝。混凝土砌块、轻骨料混凝土小型空心砌块砌体的水平及垂直灰缝的砂浆饱满度大于或等于80%

4. 填充墙灰缝厚度

填充墙的水平灰缝厚度和竖向灰缝宽度应正确，烧结空心砖、轻骨料混凝土小型空心砌块砌体的灰缝应为8～12mm；蒸压加气混凝土砌块砌体当采用水泥砂浆、水泥混合砂浆或蒸压加气混凝土砌块砌筑砂浆时，水平灰缝厚度和竖向灰缝宽度不应超过15mm；当蒸压加气混凝土砌块砌体采用蒸压加气混凝土砌块黏结砂浆时，水平灰缝厚度和竖向灰缝宽度宜为3～4mm。

5. 填充墙砌体尺寸、位置

填充墙砌体尺寸、位置的允许偏差应符合规范要求。

（二）资料检查要点

填充墙砌体工程资料检查主要对原材料的检测报告、出厂证明资料、砂浆试块报告、砂浆配合比、检验批质量验收记录等资料进行检查。

1. 原材料的检测报告、出厂证明资料

水泥出厂合格证、出厂检验报告、进场复试报告；砂子进场试验报告；粉煤灰出厂合格证、出厂检验报告、进场复试报告；外加剂出厂合格证、外加剂使用说明书、进场复试报告；水质化验报告；小砌块复检报告。

2. 砂浆试块报告

砂浆试块的强度必须满足设计要求，凡在砂浆中掺入有机塑化剂、早强剂、缓凝剂、防冻剂等，应经检验和试配符合要求后，方可使用。有机塑化剂的砂浆

应有砌体强度的型式检验报告。

3. 砂浆配合比

见砖砌体工程。

4. 检验批验收记录齐全

根据现场审批的土建工程项目划分表，抽查毛石砌体工程的分项工程质量验收记录、砖砌体工程检验批质量验收记录、主体结构分部（子分部）工程质量控制资料核查记录。

在毛石砌体工程质量验收资料的抽查过程中，首先应查看项目检验划分的合理性，其次检查质量验收记录的全面性，在设计用试验报告证明的项目，应填写试验报告的编号，对偏差检查项目应与现场实测结果对照检查。

5. 抽查施工过程资料

在抽查资料的过程中，应对施工过程记录资料进行查看，施工记录能充分地反应施工过程的实际情况，是重要的施工质量控制资料，毛石砌体施工记录主要抽查砌体垂直度检测记录、砂浆使用记录等。

第二节 钢筋混凝土工程

钢筋混凝土结构是以混凝土材料为主，并根据需要配置和添加钢筋、钢骨、预应力钢筋形成的结构。其中以钢筋混凝土结构最为常见。钢筋加工、模板支设、混凝土浇筑质量直接影响钢筋混凝土结构的质量。

一、钢筋工程

钢筋是指钢筋混凝土和预应力钢筋混凝土中用的钢材，其横截面为圆形，有时为带有圆角的方形，包括光圆钢筋、带肋钢筋、扭转钢筋等，广泛运用于各种建筑结构。

混凝土结构用的普通钢筋，可分为热轧钢筋和冷加工钢筋两类。热轧钢筋有热轧光圆钢筋和热轧带肋钢筋。热轧光圆钢筋的牌号为HPB300，热轧带肋钢筋的牌号有HRB335/HRBF335/HRB335E/HRB400/HRBF400/HRB400E/RRB400/HRB500/HRBF500/HRB500E，牌号中有“F”的为细晶粒热轧带肋钢筋；牌号后带“E”的钢筋是专门为满足结构抗震要求而生产的钢筋。冷加工钢筋可分为冷轧带肋钢筋、冷拉扭钢筋和冷拔螺旋钢筋等。在施工现场核查时对钢筋的品种、规格、性能等要进行核对。

（一）现场检查验证要点

钢筋工程质量现场主要对钢筋的外观、加工、连接、安装等进行抽查。

1. 钢筋外观质量情况

钢筋使用前应全数检查其外观质量、钢筋表面标志应清晰明了，标志包括强度级别、厂名和直径数字，钢筋外表不得有裂纹、折叠、结巴及杂质。盘条允许有压痕及局部凸块、凹块、划痕、麻面，但其深度或高度不得大于0.20mm；带肋钢筋表面凸块不得超过横肋高度，钢筋表面上其他缺陷的深度和高度不得大于所在部位尺寸的允许偏差；冷拉钢筋不得有局部缩颈；钢筋表面氧化皮重量不大于16kg/t。

2. 钢筋加工质量情况

钢筋调直宜采用机械方法，也可采用冷拉方法。当采用冷拉方法调直钢筋时，HPB300级钢筋的冷拉率不宜大于4%，HRB335级、HRB400级和RRB400级钢筋的冷拉率不宜大于1%；钢筋加工过程中，检查钢筋冷拉的方法和控制参数，检查钢筋翻样图及配料单中钢筋的尺寸、形状是否符合设计要求，加工尺寸偏差是否符合规定；检查受力钢筋加工时的弯钩和弯折形状及弯曲半径；检查箍筋末端的弯钩形式。若发现钢筋脆断、焊接性能不良或力学性能显著不正常时，应立即停止使用，并对该批钢筋进行化学成分检验或其他专项检验，按检验结果进行技术处理。

受力钢筋的弯钩和弯折应符合下列规定：①HPB300级钢筋末端应做180°弯钩，其弯弧内直径不应小于钢筋直径的2.5倍，弯钩的弯后平直部分长度不应小于钢筋直径的3倍；②当设计要求钢筋末端需做135°弯钩时，HRB335级、HRB400级钢筋的弯弧内直径不应小于钢筋直径的4倍，弯钩的弯后平直部分长度应符合设计要求；③钢筋做不大于90°的弯折时，弯折处的弯弧内直径不应小于钢筋直径的5倍。

除焊接封闭环式箍筋外，箍筋的末端应做弯钩，弯钩形式应符合设计要求；当设计无具体要求时，应符合下列规定：①箍筋弯钩的弯弧内直径除应满足上文中受力钢筋的弯钩和弯折规定①的规定外，尚应不小于受力钢筋直径；②箍筋弯钩的弯折角度：对一般结构，不应小于90°，对有抗震等要求的结构，应为135°；③箍筋弯后平直部分长度：对一般结构，不宜小于箍筋直径的5倍，对有抗震等要求的结构，不应小于箍筋直径的10倍。

3. 钢筋连接的质量情况

在施工现场，应按国家现行标准JGJ 107《钢筋机械连接技术规程》、JGJ 18

《钢筋焊接及验收规程》的规定对钢筋机械连接接头、焊接接头的外观进行检查，其质量应符合有关规程的规定。当受力钢筋采用机械连接接头或焊接接头时，设置在同一构件内的接头宜相互错开。纵向受力钢筋机械连接接头及焊接接头在连接区段的长度为35d（d为纵向受力钢筋的较大直径）且不小于500mm，凡接头中点位于该连接区段长度内的接头均属于同一连接区段。同一连接区段内纵向受力钢筋机械连接及焊接的接头面积百分率为该区段内有接头的纵向受力钢筋截面面积与全部纵向受力钢筋截面面积的比值；同一连接区段内，纵向受力钢筋的接头面积百分率应符合设计要求；当设计无具体要求时，应符合下列规定：①在受拉区不宜大于50%；②接头不宜设置在有抗震设防要求的框架梁端、柱端的箍筋加密区；当无法避开时，对等强度高质量机械连接接头，应不大于50%；③直接承受动力荷载的结构构件中，不宜采用焊接接头，当采用机械连接接头时，应不大于50%。

同一构件中相邻纵向受力钢筋的绑扎搭接接头宜相互错开。绑扎搭接接头中钢筋的横向净距应不小于钢筋直径，且应不小于25mm。钢筋绑扎搭接接头拦截区段的长度为1.3L_1（L_1为搭接长度），凡搭接接头中点位于该连接区段长度内的搭接接头均属于同一连接区段。同一连接区段内，纵向钢筋搭接接头面积百分率为该区段内有搭接接头的纵向受力钢筋截面面积与全部纵向受力钢筋截面面积的比值。同一连接区段内，纵向受拉钢筋搭接接头面积百分率应符合设计要求；当设计无要求时，应符合下列规定：①对梁类、板类及墙类构件，不宜大于25%；②对柱类构件，不宜大于50%；③当工程中确有必要增大接头面积百分率时，对梁类构件，应不大于50%；对其他构件可根据实际情况放宽。在梁、柱类构件的纵向受力钢筋搭接长度范围内，应按设计要求配置箍筋。当设计无具体要求时，应符合下列规定：①箍筋直径应不小于搭接钢筋较大直径的0.25倍；②受拉搭接区段的箍筋间距应不大于搭接钢筋较小直径的5倍，且应不大于100mm；③受压搭接区段的箍筋间距应不大于搭接钢筋较小直径的10倍，且应不大于200mm；④当柱中纵向受力钢筋直径大于25mm时，应在搭接接头两个端面外100mm范围内各设置两个箍筋，其间距宜50mm。

4. 钢筋安装的质量情况

对照设计图纸检查受力钢筋的品种、级别、规格和数量符合设计要求情况。对于处于露天环境的清水混凝土结构，抽查其纵向受力钢筋的混凝土保护层最小厚度，板、墙、壳保护层最小厚度25mm，梁保护层最小厚度35mm，柱保护层最小厚度35mm。对照质量验收记录表钢筋安装位置的偏差进行核对。

（二）资料检查要点

钢筋工程的资料检查应重点对钢筋原材料质量证明文件、见证取样送检记录、复检报告、钢筋连接试验报告、钢筋加工检验批质量验收记录、钢筋安装检验批质量验收记录、参加施焊的焊工人员证件、钢筋跟踪管理台账等资料的检查。

1. 原材料质量证明文件

对钢筋的产品合格证、出厂检验报告进行检查，确定其有效性，当采用进口钢筋或加工过程中发生脆断、焊接性能不良或力学性能显著不正常现象时，应对该批钢筋做化学分析检验或其他专项检验。

2. 见证取样

对钢筋的见证取样送检记录进行检查，确保进场钢筋按照见证取样程序进行送检。

3. 复检报告

对钢筋的复检报告进行检查，检查力学性能和重量偏差检验结果，检查抗震钢筋的抗拉强度实测值与屈服强度实测值的比值不应小于 1.25；屈服强度实测值与屈服强度标准值的比值不应大于 1.30；最大力下总伸长率不应小于 9%。检查试验报告盖章是否齐全，结论是否明确。

4. 检查钢筋连接试验报告

（1）直螺纹连接套筒应有型式检验报告、现场工艺检验报告。

（2）在施工现场，应按 JGJ 107《钢筋机械连接技术规程》、JGJ 18《钢筋焊接及验收规程》的规定抽取钢筋机械连接接头、焊接接头试件做力学性能检验，其质量应符合有关规程的规定。

（3）钢筋闪光对焊接头、电弧焊接头、电渣压力焊接头、气压焊接接头、箍筋闪光对焊接头、预埋件箍筋 T 形接头的拉伸试验结果评定如下。

1）评定为合格的条件：3 个试件均断于钢筋母材，呈延性断裂，抗拉强度大于等于钢筋母材抗拉强度标准值；2 个试件均断于钢筋母材，呈延性断裂，抗拉强度大于等于钢筋母材抗拉强度标准值；1 个试件断于焊缝或热影响区，呈脆性断裂或延性断裂，抗拉强度大于等于钢筋母材抗拉强度标准值。

2）应进行复检条件：2 个试件均断于钢筋母材，呈延性断裂，抗拉强度大于等于钢筋母材抗拉强度标准值；1 个试件断于焊缝或热影响区，呈脆性断裂或延性断裂，抗拉强度小于钢筋母材抗拉强度标准值；1 个试件均断于钢筋母材，呈延性断裂，抗拉强度大于等于钢筋母材抗拉强度标准值；2 个试件断于焊缝或热影响区，呈脆性断裂，抗拉强度大于等于钢筋母材抗拉强度标准值；3 个试件全部断于焊缝或热影响区，呈脆性断裂，抗拉强度大于等于钢筋母材抗拉强度标准值。

3）复验时，应再切取 6 个试件。复验结果，当仍有 1 个试件的抗拉强度小于钢筋母材的抗拉强度标准值，或 3 个试件断于焊缝或热影响区，呈脆性断裂，均应判定该批接头为不合格。

4）凡不符合上述复验条件的检验批接头，均评为不合格。

5）当拉伸试验中，有试件断于钢筋母材却呈脆性断裂；或者断于热影响区，呈延性断裂，其抗拉强度却小于钢筋母材抗拉强度标准值。以上两种情况均属异常现象，应视为该项试验无效，并检查钢筋的材质性能。

（4）钢筋闪光对焊接头、气压焊接头进行弯曲试验时，焊缝应处于弯曲中心点，弯曲半径和弯曲角度见表 3–2 的规定。

表 3–2　　接头弯曲试验指标

钢筋牌号	弯曲半径	弯曲角度
HPB300	$2d$	90°
HRB335、HRBF335	$4d$	90°
HRB400、HRBF400、RRB400	$5d$	90°
HRB500、HRBF500	$7d$	90°

注 1. d 为钢筋直径（mm）。
2. 直径大于 25mm 的钢筋焊接接头，弯曲半径应增加 1 倍钢筋直径。
3. 当试验结果，弯至 90°，有 2 个或 3 个试件外侧（含焊缝和热影响区）未发生破裂，应评定该批接头弯曲试验合格。
4. 当有 2 个试件发生破裂，应进行复验。
5. 当有 3 个试件发生破裂，则一次判定该批接头为不合格。
6. 复验时，应再加取 6 个试件。复验结果，当仅有 1～2 个试件发生破裂时，应评定该批接头为合格品。
7. 当试件外侧横向裂纹宽度达到 0.5 时，应认定已经破裂。

（5）I 级、II 级、III 级机械接头的抗拉强度应符合表 3–3 的规定。

表 3–3　　接头的抗拉强度

接头等级	I 级	II 级	III 级
抗拉强度	$f_{\theta\,mst} \geqslant f_{stk}$ 断于钢筋或 $f_{\theta\,mst} \geqslant 1.10 f_{stk}$ 断于接头	$f_{\theta\,mst} \geqslant f_{stk}$	$f_{\theta\,mst} \geqslant 1.25 f_{stk}$

注 $f_{\theta\,mst}$ 为接头试件实际抗拉强度；f_{stk} 为钢筋抗拉强度标准值。

（6）对机械连接接头的每一验收批，必须在工程结构中随机截取三个接头试件做抗拉强度试验，按设计要求的接头等级进行评定。当三个接头试件的抗拉强度均符合相应等级的强度要求时，该验收批应评为合格。如有一个接头的抗拉强度不符合要求，应再用6个试件进行复检。复检中如仍有一个试件的抗拉强度不符合要求，则该检验批应评为不合格。

5. 钢筋施工记录

抽查钢筋加工检验批验收记录、钢筋安装检验批记录，在检查中对照钢筋原材的复验报告以及钢筋跟踪台账进行抽查，确保记录完整、准确，在钢筋安装检验批记录中要求增加的附表应重点关注。

6. 人员资质

抽查焊接有关人员的资质情况，焊工必须经考试合格并取得合格证书。持证焊工必须在其考试合格项目及其认可范围内施焊。在工程开工正式焊接前，参与该项施焊的焊工应进行现场条件下的焊接工艺试验，合格后方可正式生产。试验结果应符合质量验收的要求。

7. 跟踪台账

抽查钢筋跟踪台账，确保合格的钢筋用于工程，体现可追溯性。

二、混凝土工程

混凝土工程是建筑施工中的主导工程。普通混凝土是以水泥为主要胶凝材料，与粗骨料（石子）、细骨料（砂子）、水，需要时掺入外加剂和矿物掺合料，按适当比例配合，经过均匀搅拌、密实成型及养护硬化而成的人造石材。

（一）现场抽查验证要点

混凝土在现场重点抽查现场混凝土的搅拌与运输、泵送混凝土、混凝土的浇筑、施工缝的留置、后浇带的设置与处理、混凝土的养护、大体积混凝土的施工等。

1. 混凝土的搅拌与运输

（1）混凝土搅拌一般宜由场外预拌商品混凝土搅拌站或现场搅拌站搅拌，应严格掌握混凝土配合比，确保各种原材料合格，计量偏差符合标准规定要求，投料顺序、搅拌时间合理、准确，最终确保混凝土搅拌质量满足设计、施工要求。当掺有外加剂时，搅拌时间适当延长。

（2）混凝土在运输中不应发生分层、离析现象，否则应在浇筑前二次搅拌。尽量减少混凝土的运输时间和转运次数，确保混凝土在初凝前运至现场并浇筑完毕。

（3）采用搅拌运输车运送混凝土，运输途中及等候卸料时不得停转；卸料前宜快速旋转搅拌 20s 以上后再卸料。当坍落度损失较大不能满足施工要求时，可在运输车罐内加入适量的与原配合比相同成分的减水剂。减水剂加入量应事先由试验确定，并应做出记录。加入减水剂后，混凝土罐车应快速旋转搅拌均匀，并应达到要求的工作性能后再泵送或浇筑。

2. 泵送混凝土

（1）泵送混凝土是利用混凝土泵的压力将混凝土通过管道输送到浇筑地点，一次完成水平运输和垂直运输。泵送混凝土具有输送能力大、效率高、连续作业、节省人力等优点。

（2）泵送混凝土配合比设计：

1）泵送混凝土的入泵坍落度不宜低于 100mm。

2）用水量与胶凝材料总量之比不宜大于 0.6。

3）泵送混凝土的胶凝材料总量不宜小于 300kg/m^3。

4）泵送混凝土宜掺用适量粉煤灰或其他活性矿物掺合料，掺粉煤灰的泵送混凝土配合比设计，必须经过试配确定，并应符合有关规范要求。

5）泵送混凝土掺加的外加剂品种和掺量宜由试验确定，不得随意使用；当掺用引气型外加剂时，其含气量不宜大于 4%。

（3）泵送混凝土搅拌时，应按规定顺序进行投料，并且粉煤灰宜与水泥同步，外加剂的添加宜滞后于水和水泥。

（4）混凝土泵或泵车设置处，应场地平整、坚实，具有重车行走条件。混凝土泵或泵车应尽可能靠近浇筑地点，浇筑时由远至近进行。

（5）混凝土供应要保证泵能连续工作。输送管线宜直，转弯宜缓，接头应严密，并要注意预防输送管线堵塞。

3. 混凝土的浇筑

（1）混凝土浇筑前应根据施工方案认真交底，并做好浇筑前的各项准备工作，尤其应对模板、支撑、钢筋、预埋件等认真细致检查，合格并做好相关隐蔽验收后才可浇筑混凝土。

（2）浇筑混凝土前应清除模板内或垫层上的杂物。表面干燥的地基、垫层、模板上应洒水湿润；现场环境温度高于 35℃时宜对金属模板进行洒水降温；洒水后不得留有积水。

（3）混凝土输送宜采用泵送方式。混凝土粗骨料最大粒径不大于 25mm 时，可采用内径不小于125mm的输送泵管；混凝土粗骨料最大粒径不大于40mm时，可采用内径不小于150mm的输送泵管。输送泵管安装接头应严密，输送泵管道转向宜平缓。输送泵管应采用支架固定，支架应与结构牢固连接，输送泵管转向处支架应加密。

（4）在浇筑竖向结构混凝土前，应先在底部填以不大于30mm厚与混凝土中水泥、砂配比成分相同的水泥砂浆；浇筑过程中混凝土不得发生离析现象。

（5）柱、墙模板内的混凝土浇筑时，当无可靠措施保证混凝土不产生离析时，其自由倾落高度应符合如下规定：①粗骨料粒径大于25mm时，不宜超过3m；②粗骨料粒径不大于25mm时，不宜超过6m。当不能满足时，应加设串桶、溜管、溜槽等装置。

（6）浇筑混凝土应连续进行。当必须间歇时，其间歇时间宜尽量缩短，并应在前层混凝土初凝之前，将次层混凝土浇筑完毕，否则应留置施工缝。

（7）混凝土宜分层浇筑、分层振捣。每一振点的振捣延续时间，应使混凝土不再往上冒气泡，表面呈现浮浆和不再沉落时为止。当采用插入式振捣器振捣普通混凝土时，应快插慢拔，移动间距不宜大于振捣器作用半径的1.4倍，与模板的距离不应大于其作用半径的0.5倍，并应避免碰撞钢筋、模板、芯管、吊环、预埋件等，振捣器插入下层混凝土内的深度应不小于50mm。当采用平板振动器时，其移动间距应保证捣动器的平板能覆盖已振实部分的边缘。

（8）在混凝土浇筑工程中，应经常观察模板、支架、钢筋、预埋件和预留孔洞的情况，当发现有变形、移位时，应及时采取措施进行处理。

（9）梁和板宜同时浇筑混凝土，有主次梁的楼板宜顺着次梁方向浇筑，单向板宜沿着板的长边方向浇筑；拱和高度大于1m时的梁等结构，可单独浇筑混凝土。

4. 施工缝的留置

（1）施工缝的位置应在混凝土浇筑之前确定，并宜留置在结构受剪力较小且便于施工的部位。施工缝的留置位置应符合下列规定：

1）柱、墙水平施工缝可留设在基础、楼层结构顶面，柱施工缝与结构上表面的距离宜为0～100mm，墙施工缝与结构上表面的距离宜为0～300mm。

2）柱、墙水平施工缝也可留设在楼层结构底面，施工缝与结构下表面的距离宜为0～50mm，当板下有梁托时，可留设在梁托下0～20mm。

3）高度较大的柱、墙、梁以及厚度较大的基础可根据施工需要在其中部留设水平施工缝；必要时，可对配筋进行调整，并应征得设计单位认可。

4）主次梁的楼板垂直施工缝应留设在次梁跨度中间的 1/3 范围内。

5）对于单向板，施工缝应留设在平行于板短边的任何位置。

6）楼梯段施工缝宜设置在梯段板跨度端部的 1/3 范围内。

7）垂直施工缝宜设置在门洞口过梁跨中 1/3 范围内，也可留设在纵横交接处。

8）特殊结构部位留设水平或垂直施工缝应征得设计单位同意。

（2）在施工缝处继续浇筑混凝土时，应符合下列规定：

1）已浇筑的混凝土，其抗压强度不应小于 $1.2N/mm^2$。

2）在已硬化的混凝土表面上，应清除水泥薄膜和松动石子以及软弱混凝土层，并加以充分湿润和冲洗干净，且不得积水。

3）在浇筑混凝土前，宜先在施工缝处铺一层水泥浆（可掺适量界面剂）或与混凝土内成分相同的水泥砂浆。

4）混凝土应细致捣实，使新旧混凝土紧密结合。

5. 后浇带的设置与处理

后浇带通常根据设计文件要求留设，并保留一段时间（若设计无要求，则至少保留 14d 并经设计确认）后再浇筑，将结构连成整体。

后浇带应采取钢筋防锈或阻锈等保护措施。

填充后浇带，可采用微膨胀混凝土，强度等级比原结构强度提高一级，并保持至少 14d 的湿润养护。后浇带接缝处按施工缝的要求处理。

6. 混凝土的养护

（1）混凝土浇筑后应及时进行保湿养护，保湿养护可采用洒水、覆盖、喷涂养护剂等方式。选择养护方式应考虑现场条件、环境温湿度、构件特点、技术要求、施工操作等因素。

（2）对已浇筑完毕的混凝土，应在混凝土终凝前（通常为混凝土浇筑完毕后 8～12h 内）开始进行自然养护。

（3）混凝土的养护时间，应符合下列规定：

1）采用硅酸盐水泥、普通硅酸盐水泥或矿渣硅酸盐水泥配置的混凝土，不应少于 7d；采用其他品种水泥时，养护时间应根据水泥性能确定。

2）采用缓凝型外加剂、大掺量矿物掺合料配置的混凝土，不应少于 14d。

3）抗渗混凝土、强度等级 C60 及以上的混凝土，不应少于 14d。

4）后浇带混凝土的养护时间不应少于 14d。

5）地下室底层墙、柱和上部结构首层墙、柱宜适当增加养护时间。

6）基础大体积混凝土养护时间应根据施工方案及相关规范确定。

（4）混凝土洒水次数应能保持混凝土处于润湿状态，混凝土的养护用水应与拌和用水相同。

（5）当采用塑料薄膜布覆盖包裹养护时，其外表面全部应覆盖包裹严密，并应保证塑料布内有凝结水。

（6）采用养生液养护时，应按产品使用要求，均匀喷刷在混凝土外表面，不得漏喷刷。

7. 大体积混凝土施工

（1）大体积混凝土施工应编制施工组织设计或施工技术方案。大体积混凝土工程施工前，宜对施工阶段大体积混凝土浇筑体的温度、温度应力及收缩应力进行试算，并确定施工阶段大体积混凝土浇筑体的升温峰值、里表温差及降温速率的控制指标，制定相应的温控技术措施。

（2）温控指标宜符合下列规定：

1）混凝土浇筑体在入模时的温度不宜大于30℃，最大温升值不宜大于50℃。

2）混凝土浇筑块体的里表温差（不含混凝土收缩的当量温度）不宜大于25℃。

3）混凝土浇筑体的降温速率不宜大于2.0℃/d。

4）混凝土浇筑体表面与大气温差不宜大于20℃。

（3）大体积混凝土施工前，应做好各项施工前准备工作，并于当地气象台联系，掌握近期气象情况。必要时，应增添相应的技术措施，在冬期施工时，尚应符合国家现行有关混凝土冬期施工的标准。

1）当混凝土在运输过程中出现离析或使用外加剂进行调整时，搅拌运输车应进行快速搅拌，搅拌时间应不小于120s；运输过程中严禁向拌和物中加水。运输过程中，坍落度损失或离析严重，经补充外加剂或快速搅拌已无法恢复混凝土拌和物的工艺性能时，不得浇筑。入模温度的测量，每台班不少于2次。

2）大体积混凝土工程的施工宜采用整体分层连续浇筑施工或推移式连续浇筑施工。大体积混凝土的浇筑厚度应根据所用振捣器的作用深度及混凝土的和易性确定，整体连续浇筑时宜为300～500mm。整体分层连续浇筑或推移式连续浇筑，应缩短间歇时间，并在前层混凝土初凝之前将次层混凝土浇筑完毕。层间最长的间隙时间不应大于混凝土的初凝时间。混凝土的初凝时间应通过试验确定。当层间间隔时间超过混凝土的初凝时间时，层面应按施工缝处理。混凝土浇筑宜从低处开始，沿长边方向自一端向另一端进行。当混凝土供应量有保证时，也可多点同时浇筑。混凝土宜采用二次振捣工艺。

（二）资料检查要点

混凝土工程的资料检查主要对混凝土配合比单、开盘鉴定记录、搅拌记录、施工方案、养护记录、测温记录、试块的试验报告、结构实体检验报告、预制构件结构性能试验等资料进行抽查。

1. 混凝土试配记录、配合比单、开盘鉴定记录、砂石含水量检验记录

（1）混凝土应该按 JGJ 55《普通混凝土配合比设计规程》的有关规定，根据混凝土强度等级、耐久性和工作性等要求进行配合比设计。对有特殊要求的混凝土，其配合比设计尚应符合国家现行有关标准的专门规定。

混凝土应根据实际采用的原材料进行配合比设计并按普通混凝土拌和物性能检验方法等标准进行试验、试配，以满足混凝土强度、耐久性和工作性（坍落度等）的要求，不得采用经验配合比。同时，应符合经济、合理的原则。

（2）首次使用的混凝土配合比应进行开盘鉴定，其工作性应满足设计配合比的要求。开始生产时应至少留置一组标准养护试件，作为验证配合比的依据。

实际生产时，对首次使用的混凝土配合比应进行开盘鉴定，并至少留置一组28d 标准养护试件，以验证混凝土的实际质量与实际要求的一致性。

（3）混凝土拌和前，应测定砂、石含水率并根据测试结果调整材料用量，提出施工配合比。

（4）混凝土配合比设计应经试验确定，并应符合下列规定：在满足混凝土强度、耐久性和工作性要求的前提下，减少水泥的用量；当有抗冻、抗渗、抗氯离子侵蚀和化学腐蚀等耐久性要求时，尚应符合 GB/T 50476《混凝土结构耐久性设计规范》的有关规定；应分析环境条件对施工及工程结构的影响；试配所用的原材料应与施工实际使用的原材料一致。

（5）混凝土的工作性指标应根据结构形式、运输方式和距离、泵送高度、浇筑和振捣方式，以及工程所处环境条件等确定。

（6）混凝土最大水胶比和最小胶凝材料用量，应符合 JGJ 55《普通混凝土配合比设计规程》的有关规定。

（7）当设计文件对混凝土提出耐久性指标时，应进行相关耐久性试验验证。

（8）大体积混凝土的配合比设计，应符合下列规定：在保证混凝土强度及工作性要求的前提下，应控制水泥用量，宜选用中、低水化热水泥，并宜掺加粉煤灰、矿渣粉；温度控制要求较高的大体积混凝土，其胶凝材料用量、品种等宜通

过水化热和绝热温升试验确定；宜采用高性能减水剂。

（9）遇有下列情况时，应重新进行配合比设计：当混凝土性能指标有变化或有其他特殊要求时；当原材料品质发生显著改变时；同一配合比的混凝土产生间断三个月以上时。

2. 搅拌站计量鉴定证书、搅拌记录

计量设备的精度应符合 GB 10171《建筑施工机械与设备　混凝土搅拌站（楼）》的有关规定，应定期校准。使用前设备应归零。

原材料的计量应按重量计，水和外加剂溶液可按体积计，其允许偏差应符合表 3–4 的规定。

表 3–4　　混凝土原材料计量允许偏差

原材料品种	水泥	细骨料	粗骨料	水	矿物掺合料	外加剂
每盘计量允许偏差	±2	±3	±3	±1	±2	±1
累计计量允许偏差	±1	±2	±2	±1	±1	±1

注　现场搅拌时原材料计量允许偏差应满足每盘计量偏差要求；累计计量允许偏差指每一运输车中各盘混凝土的每种材料累计称量的偏差，该项指标使用于采用计算机控制计量的搅拌站；骨料含水率应经常测定，雨、雪天施工应增加测定次数；砂石含水量应检验记录。

3. 混凝土施工方案，大体积混凝土施工专项方案

（1）大体积混凝土施工应编制施工组织设计或施工技术方案。其主要内容如下：

1）大体积混凝土浇筑体温度应力和收缩应力的计算。

2）施工阶段主要抗裂构造措施和温控指标的确定。

3）原材料优选、配合比设计、制备与运输。

4）混凝土主要施工设备和现场总平面布置。

5）温控检测设备和测试布置图。

6）混凝土浇筑运输顺序和施工进度计划。

7）混凝土保温和保湿养护方法。

8）主要应急保障措施。

9）特殊部位和特殊气候条件下的施工措施。

（2）超长大体积混凝土的裂缝控制，超长大体积混凝土施工，应选用下列方法控制结构不出现有害裂缝：

1）留置变形缝，变形缝的设置和施工应符合现行国家有关标准的规定。

2）后浇带施工，后浇带的设置和施工应符合现行国家有关标准的规定。

3）跳仓法施工，跳仓的最大分块尺寸不宜大于40m，跳仓间隔施工的时间不宜小于7天，跳仓接缝处按施工缝的要求设置和处理。

4. 大体积混凝土测温控制记录

（1）温控指标。

1）混凝土浇筑体在入模温度基础上的温升值不宜大于50℃。

2）混凝土浇筑体的里表温差（不含混凝土收缩的当量温度）不宜大于25℃。

3）混凝土浇筑体的降温速率不宜大于2.0℃/d。

4）混凝土浇筑体表面与大气温差不宜大于20℃。

（2）大体积混凝土测温。大体积混凝土浇筑体里表温差、降温速率及环境温度及温度应变的测试，在混凝土浇筑后，每昼夜不应少于4次；入模温度的测量，每台班不少于2次。

（3）测温点布置。大体积混凝土浇筑体内监测点的布置，应真实地反映出混凝土浇筑体内最高温升、里表温差、降温速率及环境温度，可按下列方式布置：

1）监测点的布置范围应以所选混凝土浇筑体平面图对称轴线的半条轴线为测试区，在测试区内监测点按平面分层布置。

2）在测试区内，监测点的位置与数量可根据混凝土浇筑体内温度场分布情况及温控的要求确定。

3）在每条测试轴线上，监测点位宜不少于4处，应根据结构的几何尺寸布置。

4）沿混凝土浇筑体厚度方向，必须布置外面、底面和中部温度测点，其余测点宜按测点间距不大于600mm布置。

5）保温养护效果及环境温度监测点数量应根据具体需要确定。

6）混凝土浇筑体的外表温度，宜为混凝土外表以内50mm处的温度。

7）混凝土浇筑体底面的温度，宜为混凝土浇筑体底面上50mm处的温度。

（4）温度曲线。测试过程中宜及时描绘出各点的温度变化曲线和断面的温度分布曲线。

（5）报警。发现温控数值异常应及时报警，并应采取措施。

5. 混凝土强度试验报告

（1）试件的留置。结构混凝土的强度等级必须符合设计要求。用于检查结构构件混凝土强度的试件，应在混凝土的浇筑地点随机抽取。取样与试件留置应符合下列规定：

1）每搅拌100盘且不超过100m^{3}的同配合比的混凝土，取样不得少于一次。

2）每工作班拌制的同一配合比的混凝土不足100盘时，取样不得少于一次。

3）当一次连续浇筑超过1000m^{3}时，同一配合比的混凝土每200m^{3}取样不得少于一次。

4）每一楼层、同一配合比的混凝土，取样不得少于一次。

5）每次取样应至少留置一组标准养护试块，同条件养护试件的留置组数应根据实际需要确定。

（2）混凝土强度代表值。每组三个试件应在同盘混凝土中取样制作，其试件的混凝土强度代表值应符合下列规定：

1）取三个试件强度的平均值。

2）当三个试件强度中的最大值或最小值与中间值之差超过中间值的15%时，取中间值。

3）当三个试件强度中的最大值和最小值与中间值之差均超过中间值的15%时，该组试件不应作为强度评定依据。

（3）标准试件混凝土强度。评定结构构件的混凝土强度应采用标准试件的混凝土强度。即按标准方法制作的边长为150mm的标准尺寸的立方体试件，在温度为（20±3）℃、相对湿度为90%以上的环境或水中的标准条件下，养护至28d龄期时，按标准试验方法测得的混凝土立方体抗压强度。

6. 混凝土质量评定

（1）混凝土强度应分批进行验收。同一验收批的混凝土应由强度等级相同、生产工艺和配合比基本相同的混凝土组成，对现浇混凝土结构构件，应当按单位工程的验收项目划分验收批。对同一验收批的混凝土强度，应以同批内标准试件的全部强度代表值来评定。

（2）当混凝土的生产条件在较长时间内能保持一致，且同一品种混凝土强度变异性能保持稳定时，应由连续的三组试件代表一个验收批，其强度应同时符合要求。

7. 预制构件性能检验报告

钢筋混凝土构件或允许出现裂缝的预制构件进行承载力、挠度和裂缝跨度检验。不允许出现裂缝的预应力混凝土构件进行承载力、挠度和抗裂检验。预应力混凝土构件中的非预应力杆件按钢筋混凝土构件的要求进行检验。对设计成熟、生产数量较少的大型构件，当采取高强材料和制作质量检验的措施时，可仅做挠度、抗裂和裂缝宽度检验；当采取上述措施并有可靠的实践经验时，可不作结构性能检验。

第三节　预应力混凝土工程

预应力工程的基本原理是在预应力混凝土结构中，通常为了避免钢筋混凝土结构的裂缝过早出现，充分利用高强度钢筋及高强混凝土，可以设法在结构构件承受使用荷载前，预先对受拉区的混凝土施加压力，使它产生预压应力来减小或抵消荷载所引起的混凝土拉应力，从而将结构构件的拉应力控制在较小范围，甚至处于受压状态，以推迟混凝土裂缝的出现和扩展，从而提高构件的抗裂性能和刚度。

一、现场抽查验证要点

预应力工程现场主要对预应力工程的制作安装、张拉与张放、灌浆及封锚等工作进行抽查。

1. 预应力工程的制作与安装

（1）预应力筋安装时，其品种、级别、规格、数量必须符合设计要求。

（2）先张法预应力施工时应选用非油质类模板隔离剂，并应避免沾污预应力筋。

（3）施工过程中应避免电火花损伤预应力筋，受损伤的预应力筋应予以更换。

（4）预应力筋下料应符合以下要求：

1）预应力筋应采用砂轮锯或切断机切断，不得采用电弧切割。

2）当钢丝束两端采用墩头锚具时，同一束中各根钢丝长度的极差不应大于钢丝长度的1/5000，且不应大于5mm。当成组张拉长度不大于10m的钢丝时，同组钢丝长度的极差不得大于2mm。

（5）后张法有黏结预应力筋预留孔道的规格、数量、位置和开头除应符合设计要求外，尚应符合下列规定：

1）预留孔道的定位应牢固，浇筑混凝土时不应出现移位和变形。

2）孔道应平顺，端部的预埋锚垫板应垂直于孔道中心线。

3）成孔用管道应密封良好，接头应严密且不得漏浆。

4）灌浆孔的间距：对预埋金属螺旋管不宜大于30mm，对抽芯成型孔道不宜大于12m。

5）在曲线孔道的曲线波峰部位应设置排气兼泌水管，必要时可在最低点设置排水孔。

6）灌浆孔及泌水管的孔径应能保证浆液畅通。

（6）预应力筋束形控制点的竖向位置偏差应符合表3–5的规定。

表3–5　　束形控制点的竖向位置偏差

截面高（厚）度 h（mm）	$h \leqslant 300$	$300 < h \leqslant 1500$	$h > 1500$
允许偏差（mm）	±5	±10	±15

注　束形控制点的竖向位置偏差合格点率应达到90%及以上，且不得有超过表中数值1.5的尺寸偏差。

（7）无黏结预应力筋的铺设除应符合（6）规定外，尚应符合下列要求：

1）无黏结预应力筋的定位应牢固，浇筑混凝土时不应出现移位和变形。

2）端部的预埋锚垫板应垂直于预应力筋。

3）内埋式固定端垫板不应重叠，锚具与垫板应贴紧。

4）无黏结预应力筋成束布置时应能保证混凝土密实并能裹住预应力筋。

5）无黏结预应力筋的护套应完整，局部破损处应采用防水胶带缠绕紧密。

（8）浇筑混凝土前穿入孔道的后张法有黏结预应力筋，宜采取防止锈蚀的措施。

2. 预应力工程的张拉与张放

（1）预应力筋张拉或张放时，混凝土强度应符合设计要求；当设计无具体要求时，不应低于设计的混凝土立方体抗压强度标准值的75%。

（2）预应力筋的张拉力、张拉程序和方式要符合设计要求，通常预应力筋张拉方式有一端张拉、两端张拉、分批张拉、分阶段张拉和补偿张拉等方式。张拉顺序：采用对称张拉的原则。对于平卧重叠构件，宜先上后下逐层进行，每层对称张拉，为了减少因上下层之间摩擦引起的预应力损失，可逐层适当加大张拉力。若混凝土构件遇有孔洞、露筋、管道串通、裂缝等缺陷或构件端支承板变形、板面与管道中心不垂直等缺陷，均应采取有效措施处理，并达到设计要求后才能进行预应力筋张拉。预应力筋的张拉以控制张拉力值（预先换算成油压表读数）为主，以预应力筋张拉伸长值做校核。对后张法预应力结构构件，断裂或滑脱的预应力筋数量严禁超过同一截面预应力筋总数的3%，且每束钢丝不得超过一根。预应力筋张拉锚固后，实际预应力值与工程设计规定检验值的相对允许偏差为 ±5%。

（3）张拉过程中应避免预应力筋断裂或滑脱。当发生断裂或滑脱时，必须符合下列规定：对先张法预应力构件，在浇筑混凝土前发生断裂或滑脱的预应力筋必须予以更换。

（4）锚固阶段张拉端预应力筋的内缩量应符合设计要求；当设计无具体要求时，应符合表 3–6 的规定。

表 3–6　张拉端预应力筋的内缩量限值

锚具类别		内缩量限值（mm）
支承式锚具（墩头锚具等）	螺帽缝隙	1
	每块后加垫板的缝隙	1
锥塞式锚具		5
夹片式锚具	有顶压	5
	无顶压	6～8

3. 预应力工程的灌浆及封锚

（1）后张法有黏结预应力筋张拉后应尽早进行孔道灌浆，孔道内水泥浆应饱满、密实。

（2）锚具的封闭保护应符合设计要求；当设计无具体要求时，应符合下列规定：

1）应采取防止锚具腐蚀和遭受机械损伤的有效措施；

2）凸出式锚固端锚具的保护层厚度不应小于 50mm；

3）外露预应力筋的保护层厚度：处于正常环境时，不应小于 20mm；处于易受腐蚀的环境时，不应小于 50mm。

（3）后张法预应力筋锚固后的外露部分宜采用机械方法切割，其外露长度不宜小于预应力筋直径的 1.5 倍，且不宜小于 30mm。

二、资料检查要点

预应力工程主要抽查墩头制作检查记录、先张法预应力筋应力检测记录、后张法张拉记录、水泥浆试块强度报告、灌浆记录、配合比选定记录、预应力工程检验批验收记录等资料。

1. 墩头制作检查记录

记录能反映挤压锚具制作时压力表油压是否符合操作说明书的规定，挤压后预应力筋外端是否露出挤压套筒 1 ～ 5mm；钢绞线压花锚成形时，表面是否清洁、无油污，梨形头尺寸和直线段长度应符合设计要求；钢丝墩头的强度是否达到钢丝强度标准值的 98%。

2. 先张法预应力筋应力检测记录

先张法预应力筋张拉后与设计位置的偏差不得大于 5mm，且不得大于构件截面短边边长的 4%。

3. 后张法张拉记录

对后张预应力结构构件，断裂或滑脱的数量严禁超过同一截面预应力筋总根数的 3%，且每束钢丝不得超过一根；对多跨双向连续板，其同一截面应按每跨计算。

4. 水泥浆试块强度报告

一组试件由 6 个试件组成，试件应标准养护 28d；抗压强度为一组试件的平均值，当一组试件中抗压强度最大值或最小值与平均值相差超过 20% 时，应取中间 4 个试件强度的平均值。

5. 灌浆记录、配合比选定记录

灌浆用水泥浆的水灰比不应大于 0.45，搅拌后 3h 泌水率不宜大于 2%，且不应大于 3%。泌水应能在 24h 内全部重新被水泥吸收。灌浆记录反应孔道内水泥浆应饱满、密实。

6. 预应力工程检验批验收记录

预应力工程检验批资料填写应规范、签字齐全，在检查时应对照抽查相关记录和试验报告。

第四节　装配式结构安装工程

装配式混凝土结构工程是由预制混凝土构件或部件通过各种可靠的连接方式装配而成的混凝土结构。

（1）预制构件应按标准图或设计要求的试验参数及检验指标进行结构性能检验。结构性能检验不合格的预制构件不得用于混凝土结构。预制构件应在明显部位标明生产单位、构件型号、生产日期和质量验收标志。构件上的预埋件、插筋和预留孔洞的规格、位置和数量应符合标准图或设计的要求。预制构件的外观质量不应有严重缺陷。对已经出现的严重缺陷，应按技术处理方案进行处理，并重新检查验收。预制构件不应有影响结构性能和安装、使用功能的尺寸偏差。对超过尺寸允许偏差且影响结构性能和安装、使用功能的部位，应按技术处理方案进行处理，并重新进行检验。预制构件的尺寸偏差应符合表 3–7 的规定。

表 3–7　　预制构件尺寸的允许偏差及检验方法

项目		允许偏差（mm）	检验方法
长度	板、梁	+10，–5	钢尺检查
	柱	+5，–10	
	墙板	± 5	
	薄腹梁、桁架	+15，–10	
宽度、高（厚）度	板、梁、柱、墙板、薄腹梁、桁架	± 5	钢尺量一端及中部，取其中较大值
侧向弯曲	梁、柱、板	*L*/750 且≤ 20	拉线、钢尺量最大侧向弯曲处
	墙板、薄腹梁、桁架	*L*/1000 且≤ 20	
预埋件	中心线位置	10	钢尺检查
	螺栓位置	5	
	螺栓外露长度	+10，–5	
预留孔	中心线位置	5	钢尺检查
预留洞	中心线位置	15	钢尺检查
主筋保护层厚度	板	+5，–3	钢尺或保护层厚度测定仪量测
	梁、柱、墙板、薄腹梁、桁架	+10，–5	
对角线差	板、墙板	10	钢尺量两个对角线
表面平整度	板、墙板、柱、梁	5	2m 靠尺和塞尺检查
预应力构件预留孔道位置	梁、墙板、薄腹梁、桁架	3	钢尺检查

续表

<table>
<tr><td colspan="2">项目</td><td>允许偏差（mm）</td><td>检验方法</td></tr>
<tr><td rowspan="2">翘曲</td><td>板</td><td>L/750</td><td rowspan="2">调平尺在两端量测量</td></tr>
<tr><td>墙板</td><td>L/1000</td></tr>
</table>

注　1. L 为构件长度（mm）。

2. 检查中心线、螺栓和孔道位置时，应沿纵、横两个方向量测，并取其中的较大值。

3. 对形状复杂或有特殊要求的构件，其尺寸偏差应符合标准图或设计的要求。

（2）装配式结构施工。进入现场的预制构件，其外观质量、尺寸偏差及结构性能应符合标准图或设计的要求；预制构件与结构之间的连接应符合设计要求。连接处钢筋或埋件采用焊接或机械连接时，接头质量应符合国家现行标准 JGJ 18《钢筋焊接及验收规程》、JGJ 107《钢筋机械连接技术规程》的要求；承受内力的接头和拼缝，当其混凝土强度未达到设计要求时，不得吊装上一层结构构件；当设计无具体要求时，应在混凝土强度不小于 $10N/mm^2$ 或具有足够的支承时方可吊装上一层结构构件，已安装完毕的装配式结构，应在混凝土强度到达设计要求后，方可承受全部设计荷载；预制构件码放和运输时的支承位置和方法应符合标注图或设计的要求；预制构件吊装前，应按设计要求在构件和相应的支承结构上标志中心线、标高等控制尺寸，按标准图或设计文件校核预埋件及连接钢筋等，并做出标志；预制构件应按标准图或设计的要求吊装。起吊时绳索与构件水平面的夹角不宜小于 45°，否则应采用吊架或经验计算确定；预制构件安装就位后，应采取保证构件稳定的临时固定措施，并应根据水准点和轴线校正位；装配式结构中的接头和拼缝应符合设计要求；当设计无具体要求时，应符合下列规定：

1）对承受内力的接头和拼缝应采用混凝土浇筑，其强度等级应比构件混凝土强度等级提高一级。

2）对不承受内力的接头和拼缝应采用混凝土或砂浆浇筑，其强度等级不应低于 C15 或 M15。

3）用于接头和拼缝的混凝土或砂浆，宜采取微膨胀措施和快硬措施，在浇筑过程中应振捣密实，并应采取必要的养护措施。

第四章　层面及其他防水工程

第一节　屋面防水工程

一、基本规定

（1）屋面的基本构造层次见表 4–1。

表 4–1　屋面的基本构造层次

屋面类型	基本构造层次（自上而下）
卷材、涂抹屋面	保护层、隔离层、防水层、找平层、保温层、找平层、找坡层、结构层
	保护层、保温层、防水层、找平层、找坡层、结构层
	种植隔热层、保护层、耐根穿刺防水层、防水层、找平层、保温层、找平层、找坡层、结构层
	架空隔热层、防水层、找平层、保温层、找平层、找坡层、结构层
	蓄水隔热层、隔离层、防水层、找平层、保温层、找平层、找坡层、结构层
瓦屋面	块瓦、挂瓦条、顺水条、找平层、保温层、找平层、找坡层、结构层
	沥青瓦、持钉层、防水层或防水垫层、保温层、结构层
金属板屋面	压型金属板、防水垫层、保温层、承托网、支撑结构
	上层压型金属板、防水垫层、保温层、下层压型金属板、支撑结构
	金属面绝热夹芯板、支撑结构

（2）屋面施工应满足以下要求。

1）屋面防水工程应由具备相应资质的专业队伍进行施工，作业人员应持证上岗。

2）屋面工程施工前应通过图纸会审，并应掌握施工图中的细部构造及有关技术要求；施工单位应编制屋面工程的专项施工方案或技术措施，并应进行现场技术安全交底。

3）屋面工程所采用的防水、保温材料应有产品合格证书和性能检测报告，材料的品种、规格、性能等应符合设计和产品标准的要求。材料进场后，应按规定抽样检验，提出检验报告。工程中严禁使用不合格的材料。

4）屋面工程施工的每道工序完成后，应经监理或建设单位检查验收，并应在合格后再进行下道工序的施工。当下道工序或相邻工程施工时，应对已完成的部分采取保护措施。

5）屋面工程施工的防火安全应符合下列规定：

a. 可燃类防水、保温材料进场后，应远离火源；露天堆放时，应采用不燃材料完全覆盖。

b. 防火隔离带施工应与保温材料施工同步进行。

c. 不得直接在可燃类防水、保温材料上进行热熔或热粘法。

6）屋面工程施工必须符合下列安全规定。

a. 严禁在雨天、雪天和五级风及其以上时施工。

b. 屋面周边和预留孔洞部位，必须按临边、洞口防护规定设置安全护栏和安全网。

c. 屋面坡度大于 30% 时，应采取防滑措施。

d. 施工人员应穿防滑鞋，特殊情况下无可靠安全措施时，操作人员必须系好安全带并扣好保险钩。

二、屋面找平层与找坡层

1. 施工质量控制

（1）装配式钢筋混凝土板的板缝嵌填施工应符合下列规定：

1）嵌填混凝土前板缝内应清理干净，并应保持湿润。

2）当板缝宽度大于 40mm 或上窄下宽时，板缝内应按设计要求配置钢筋。

3）嵌填细石混凝土的强度等级不应低于 C20，填缝高度宜低于板面 10 ～ 20mm，且应振捣密实和浇水养护。

4）板端缝应按设计要求增加防裂的构造措施。

（2）找坡层和找平层的基层的施工应符合下列规定：

1）应清理结构层、保温层上面的松散杂物，凸出基层表面的硬物应剔平扫净。

2）抹找坡层前，宜对基层洒水湿润。

3）突出屋面的管道、支架等根部，应用细石混凝土堵实和固定。

4）对不易与找平层结合的基层应做界面处理。

（3）找坡层和找平层所用材料的质量和配合比应符合设计要求，并应做到计量准确和机械搅拌。

（4）找坡应按屋面排水方向和设计坡度要求进行，找坡层最薄处厚度不宜小于 20mm。

（5）找坡材料应分层铺设和适当压实，表面宜平整和粗糙，并应适时浇水养护。

（6）找平层应在水泥初凝前压实抹平，水泥终凝前完成收水后应二次压光，并应及时取出分格条。养护时间不得少于 7d。

（7）卷材防水层的基层与突出屋面结构的交接处，以及基层的转角处，找平层均应做成圆弧形，且应整齐平顺。找平层圆弧半径应符合表 4–2 的规定。

表 4–2　找平层圆弧半径

卷材种类	圆弧半径（mm）
沥青防水卷材	100 ～ 150
高聚物改性沥青防水卷材	50
合成高分子卷材	20

（8）找坡层和找平层的施工环境温度不宜低于 5℃。

2. 施工质量验收

（1）主控项目。

1）屋面（含天沟、檐沟）找平层的排水坡度必须符合设计要求。

检验方法：水平仪（水平尺）、拉线和钢尺检查。

2）找平层所用的材料质量及配合比必须符合设计要求。

检验方法：检查出厂合格证、质量检验报告和计量措施。

（2）一般项目。

1）卷材防水屋面基层与突出屋面结构（女儿墙、立墙、天窗壁、变形缝、烟囱等）的交接处，以及基层的转角处（水落口、檐口、天沟、檐沟、屋脊等）

均应做成圆弧。内部排水的水落口周围应做成略低的凹坑。

检验方法：观察和钢尺检查。

2）水泥砂浆、细石混凝土找平层应平整、压光，不得有酥松、起砂、起皮现象；沥青砂浆找平层不得有拌和不匀、蜂窝现象。

检验方法：观察检查。

3）分格缝位置和间距均应符合设计要求。

检验方法：观察和钢尺检查。

4）找平层表面平整度的误差不得大于5mm。

检验方法：2m靠尺和楔形塞尺检查。

三、屋面保温层

（一）板状材料保温层

1. 施工质量控制

（1）基层应平整、干燥、干净。

（2）相邻板块应错缝拼接，分层铺设的板块上下层接缝应相互错开，板间缝隙应采用同类材料嵌填密实。

（3）采用干铺法施工时，板状保温材料应紧靠在基层表面上，并应铺平垫稳。

（4）采用黏结法施工时，胶黏剂应与保温材料相容，板状保温材料应贴严、粘牢，在胶黏剂固化前不得上人踩踏。

（5）采用机械固定法施工时，固定件应固定在结构层上，固定件的间距应符合设计要求。

2. 施工质量验收

（1）主控项目。

1）板状材料应有产品合格证书和性能检测报告，材料的品种、规格、性能等应符合现行国家产品标准和设计要求。

检验方法：检查出厂合格证、质量检验报告和现场抽样复验报告。

2）屋面热桥部位处理应符合设计要求。

检验方法：观察检查。

（2）一般项目。

1）板状保温材料铺设应紧贴（靠）基层，铺平、垫稳，拼缝严密，找坡正确。

检验方法：观察检查。

2）排气道应纵横贯通，不得堵塞。排气管应安装牢固、位置正确、封闭严密。

检验方法：观察检查。

3）板状保温材料铺设厚度偏差为 ±5%，且不大于 4mm。

检验方法：钢针插入和钢尺检查。

（二）松散保温材料

1. 施工质量控制

（1）基层应平整、干燥、干净。

（2）松散保温材料应分层铺设，适当压实。每层铺设的厚度不宜大于 150mm，其压实的程度及厚度应根据设计要求经试验确定。压实后不得直接在保温层上推车或堆放重物。

（3）松散保温层应干燥，含水率不得超过设计规定，否则应采取干燥措施或排气措施。

（4）下雨或五级以上的风时不得铺设松散保温层。

2. 施工质量验收

（1）主控项目。

1）松散保温材料的堆积密度、导热系数、粒径，必须符合设计要求。

检验方法：检查出厂合格证、质量检验报告和现场抽样复验报告。

2）保温层的含水率必须符合设计要求。

检验方法：检查现场抽样检验报告。

（2）一般项目。

1）保温层应分层铺设、压实适当、表面平整、找坡正确。

检验方法：观察检查。

2）排气道应纵横贯通，不得堵塞。排气管应安装牢固、位置正确、封闭严密。

检验方法：观察检查。

3）保温层厚度的允许偏差：松散保温材料保温层为 –5% ～ +10%。

检验方法：用钢针插入和尺量检查。

4）屋面松散材料保温层的施工质量检验数量，应按屋面面积每 100m^2 抽查 1 处，每处 10m^2，且不得少于 3 处。

（三）整体现浇保温层

1. 施工质量控制

（1）基层应清理干净，不得有油污、浮尘和积水。

（2）泡沫混凝土应按设计要求的干密度和抗压强度进行配合比设计，拌制时应计量准确，搅拌均匀。

（3）泡沫混凝土应按设计的厚度设定浇筑面标高线，找坡时宜采取挡板辅助措施。

（4）泡沫混凝土的浇筑出料口离基层的高度不宜超过1m，泵送时应采取低压泵送。

（5）泡沫混凝土应分层浇筑，一次浇筑厚度不宜超过200mm，终凝后应进行保湿养护，养护时间不得少于7d。

2. 施工质量控制

（1）主控项目。

1）所用原材料的质量及配合比，应符合设计要求。

检验方法：检查原材料出厂合格证、质量检验报告和计量措施。

2）屋面热桥部位处理应符合设计要求。

检验方法：观察检查。

（2）一般项目。

1）整体现浇保温层应拌和均匀，分层铺设，压实适当，表面平整，找坡正确。

检验方法：观察检查。

2）整体现浇保温层铺设厚度允许误差为 −5% ～＋ 10%。

检验方法：钢针插入和钢尺检查。

3）整体保温层表面平整度有找平层时不大于5mm，无找平层时不大于7mm。

检验方法：靠尺和楔形塞尺检查。

4）整体保温层不得有贯通性裂缝，不得有一级疏松、起砂、起皮现象。

检验方法：观察检查。

四、屋面卷材防水层

1. 施工质量控制

（1）卷材防水层基层应坚实、干净、平整，应无孔隙、起砂和裂缝。基层的干燥程度应根据所选防水卷材的特性确定。

（2）卷材防水层铺贴顺序和方向应符合下列规定：

1）卷材防水层施工时，应先进行细部构造处理，然后由屋面最低标高向上铺贴。

2）檐沟、天沟卷材施工时，宜顺檐沟、天沟方向铺贴，搭接缝应顺流水方向。

3）卷材宜平行屋脊铺贴，上下层卷材不得相互垂直铺贴。

（3）立面或大坡面铺贴卷材时，应采用满粘法，并宜减少卷材短边搭接。

（4）采用基层处理剂时，其配制与施工应符合下列规定：

1）基层处理剂应与卷材相容。

2）基层处理剂应配比准确，并应搅拌均匀。

3）喷、涂基层处理剂前，应先对屋面细部进行涂刷。

4）基层处理剂可选用喷涂或涂刷施工工艺，喷、涂应均匀一致，干燥后应及时进行卷材施工。

（5）卷材搭接缝应符合下列规定：

1）平行屋脊的搭接缝应顺流水方向，搭接缝宽度应符合表 4–3 的规定。

表 4–3　　卷材搭接宽度

卷材类别		搭接宽度
合成高分子防水卷材	胶黏剂	80mm
	胶黏带	50mm
	单缝焊	60mm，有效焊接宽度不小于 25mm
	双缝焊	80mm，有效焊接宽度 10×20mm+ 空腔宽
高聚物改性沥青防水卷材	胶黏剂	100mm
	自黏	80mm

2）同一层相邻两幅卷材短边搭接缝错开不应小于 500mm。

3）上下层卷材长边搭接缝应错开，且不应小于幅宽的 1/3。

4）叠层铺贴的各层卷材，在天沟与屋面的交接处，应采用叉接法搭接，搭接缝应错开；搭接缝宜留在屋面与天沟侧面，不宜留在沟底。

（6）冷粘法铺贴卷材应符合下列规定：

1）胶黏剂涂刷应均匀，不得露底、堆积；卷材空铺、点粘、条粘时，应按规定的位置及面积涂刷胶黏剂。

2）应根据胶黏剂的性能与施工环境、气温条件等，控制胶黏剂涂刷与卷材铺贴的间隔时间。

3）铺贴卷材时应排除卷材下面的空气，并应辊压粘贴牢固。

4）铺贴的卷材应平整顺直，搭接尺寸应准确，不得扭曲、皱折；搭接部位的接缝应满涂胶黏剂，辊压应粘贴牢固。

5）合成高分子卷材铺好压粘后，应将搭接部位的黏合面清理干净，并应采用与卷材配套的接缝专用胶黏剂，在搭接缝黏合面上应涂刷均匀，不得露底、堆积，应排除缝间的空气，并用辊压粘贴牢固。

6）合成高分子卷材搭接部位采用胶黏带黏结时，黏合面应清理干净，必要时可涂刷与卷材及胶黏带材性相容的基层胶黏剂，撕去胶黏带隔离纸后应及时黏合接缝部位的卷材，并应辊压粘贴牢固；低温施工时，宜采用热风机加热。

7）搭接缝口应用材性相容的密封材料封严。

（7）热粘法铺贴卷材应符合下列规定：

1）熔化热熔型改性沥青胶结料时，宜采用专用导热油炉加热，加热温度不应高于 200℃，使用温度不宜低于 180℃；

2）粘贴卷材的热熔型改性沥青胶结料厚度宜为 1.0 ～ 1.5mm；

3）采用热熔型改性沥青胶结料铺贴卷材时，应随刮随滚铺，并应展平压实。

（8）热熔法铺贴卷材应符合下列规定：

1）火焰加热器的喷嘴距卷材面的距离应适中，幅宽内加热应均匀，应以卷材表面熔融至光亮黑色为度，不得过分加热卷材；厚度小于 3mm 的高聚物改性沥青防水卷材，严禁采用热熔法施工。

2）卷材表面沥青热熔后应立即滚铺卷材，滚铺时应排除卷材下面的空气。

3）搭接缝部位宜以溢出热熔的改性沥青胶结料为度，溢出的改性沥青胶结料宽度宜为 8mm，并宜均匀顺直；当接缝处的卷材上有矿物粒或片料时，应用火焰烘烤及清除干净后再进行热熔和接缝处理。

4）铺贴卷材时应平整顺直，搭接尺寸应准确，不得扭曲。

（9）自粘法铺贴卷材应符合下列规定：

1）铺贴卷材前，基层表面应均匀涂刷基层处理剂，干燥后应及时铺贴卷材。

2）铺贴卷材时应将自粘胶底面的隔离纸完全撕净。

3）铺贴卷材时应排除卷材下面的空气，并应辊压粘贴牢固。

4）铺贴的卷材应平整顺直，搭接尺寸应准确，不得扭曲、皱折；低温施工时，立面、大坡面及搭接部位宜采用热风机加热，加热后应随即粘贴牢固。

5）搭接缝口应采用材性相容的密封材料封严。

（10）焊接法铺贴卷材应符合下列规定：

1）对热塑性卷材的搭接缝可采用单缝焊或双缝焊，焊接应严密。

2）焊接前，卷材应铺放平整、顺直，搭接尺寸应准确，焊接缝的结合面应清理干净。

3）应先焊长边搭接缝，后焊短边搭接缝。

4）应控制加热温度和时间，焊接缝不得漏焊、跳焊或焊接不牢。

（11）机械固定法铺贴卷材应符合下列规定：

1）固定件应与结构层连接牢固。

2）固定件间距应根据抗风揭试验和当地的使用环境与条件确定，并不宜大于600mm。

3）卷材防水层周边800mm范围内应满粘，卷材收头应采用金属压条钉压固定和密封处理。

（12）防水卷材的贮运、保管应符合下列规定：

1）不同品种、规格的卷材应分别堆放。

2）卷材应贮存在阴凉通风处，应避免雨淋、日晒和受潮，严禁接近火源。

3）卷材应避免与化学介质及有机溶剂等有害物质接触。

（13）进场的防水卷材应检验下列项目：

1）高聚物改性沥青防水卷材的可溶物含量、拉力、最大拉力时延伸率、耐热度、低温柔性、不透水性。

2）合成高分子防水卷材的断裂拉伸强度、扯断伸长率、低温弯折性、不透水性。

（14）胶黏剂和胶黏带的贮运、保管应符合下列规定：

1）不同品种、规格的胶黏剂和胶黏带，应分别用密封桶或纸箱包装。

2）胶黏剂和胶黏带应贮存在阴凉通风的室内，严禁接近火源和热源。

（15）进场的基层处理剂、胶黏剂和胶黏带，应检验下列项目：

1）沥青基防水卷材用基层处理剂的固体含量、耐热性、低温柔性、剥离强度。

2）高分子胶黏剂的剥离强度、浸水168h后的剥离强度保持率。

3）改性沥青胶黏剂的剥离强度。

4）合成橡胶胶黏带的剥离强度、浸水 168h 后的剥离强度保持率。

（16）卷材防水层的施工环境温度应符合下列规定：

1）热熔法和焊接法不宜低于 -10℃。

2）冷粘法和热粘法不宜低于 5℃。

3）自粘法不宜低于 10℃。

2. 施工质量验收

（1）主控项目。

1）所采用的防水、保温隔热材料应有产品合格证书和性能检测报告，材料的品种、规格、性能等应符合现行国家产品标准和设计要求。

检验方法：检查出厂合格证、质量检验报告和现场抽样复验报告。

2）卷材防水层不得有渗漏或积水现象。

检验方法：雨后或淋水、蓄水检验。

3）天沟、檐沟、檐口、水落口、泛水、变形缝和伸出屋面管道的防水构造必须符合设计要求。

检验方法：观察检查和检查隐蔽工程验收记录。

（2）一般项目。

1）卷材的搭接缝应黏（焊）结牢固，密封严密，不得有皱折、翘边和鼓泡等缺陷；收头应与基层黏结并固定牢固，缝口封严，不得翘边。

检验方法：观察检查。

2）排气道应纵横贯通，不得堵塞。排气管应安装牢固、位置正确、封闭严密。

检验方法：观察检查。

3）卷材防水层上的撒布材料和浅色涂料保护层应铺撒或涂刷均匀、黏结牢固；水泥砂浆、块材或细石混凝土保护层与涂膜防水层间应设置隔离层；刚性保护层的分格缝留置应符合设计要求。需经常维护的设施周围和屋面出入口至设施之间的人行道应铺设刚性保护层。

检验方法：根据不同性质的保护层分别用观察、手拔、钢尺或小锤轻击检查。

4）卷材铺贴方向正确，铺贴应符合现行有关标准的规定。

检验方法：观察检查。

5）卷材搭接宽度的允许偏差为 -10mm。

检验方法：钢尺检查。

五、屋面涂膜防水层

1. 施工质量控制

（1）涂膜防水层的基层应坚实、平整、干净，应无孔隙、起砂和裂缝。基层的干燥程度应根据所选用的防水涂料特性确定；当采用溶剂型、热熔型和反应固化型防水涂料时，基层应干燥。

（2）基层处理剂的施工应符合以下规定。

1）基层处理剂应与卷材相同。

2）基层处理剂应配比准确，并应搅拌均匀。

3）喷、涂处理剂前应先对屋面细部进行涂刷。

4）基层处理剂可采用喷涂或涂刷工艺进行施工，喷、涂应均匀一致，干燥后应及时进行卷材施工。

（3）双组分或多组分防水涂料应按配合比准确计量，应采用电动机具搅拌均匀，已配制的涂料应及时使用。配料时，可加入适量的缓凝剂或促凝剂调节固化时间，但不得混合已固化的涂料。

（4）涂膜防水层施工应符合下列规定：

1）防水涂料应多遍均匀涂布，涂膜总厚度应符合设计要求。

2）涂膜间夹铺胎体增强材料时，宜边涂布边铺胎体；胎体应铺贴平整，应排除气泡，并应与涂料黏结牢固。在胎体上涂布涂料时，应使涂料浸透胎体，并应覆盖完全，不得有胎体外露现象。最上面的涂膜厚度不应小于 1.0mm。

3）涂膜施工应先做好细部处理，再进行大面积涂布。

4）屋面转角及立面的涂膜应薄涂多遍，不得流淌和堆积。

（5）涂膜防水层施工工艺应符合下列规定：

1）水乳型及溶剂型防水涂料宜选用滚涂或喷涂施工。

2）反应固化型防水涂料宜选用刮涂或喷涂施工。

3）热熔型防水涂料宜选用刮涂施工。

4）聚合物水泥防水涂料宜选用刮涂法施工。

5）所有防水涂料用于细部构造时，宜选用刷涂或喷涂施工。

（6）防水涂料和胎体增强材料的贮运、保管，应符合下列规定：

1）防水涂料包装容器应密封，容器表面应标明涂料名称、生产厂家、执行标准号、生产日期和产品有效期，并应分类存放。

2）反应型和水乳型涂料贮运和保管环境温度不宜低于 5℃。

3）溶剂型涂料贮运和保管环境温度不宜低于0℃，并不得日晒、碰撞和渗漏；保管环境应干燥、通风，并应远离火源、热源。

4）胎体增强材料贮运、保管环境应干燥、通风，并应远离火源、热源。

（7）进场的防水涂料和胎体增强材料应检验下列项目：

1）高聚物改性沥青防水涂料的固体含量、耐热性、低温柔性、不透水性、断裂伸长率或抗裂性。

2）合成高分子防水涂料和聚合物水泥防水涂料的固体含量、低温柔性、不透水性、拉伸强度、断裂伸长率。

3）胎体增强材料的拉力、延伸率。

（8）涂膜防水层的施工环境温度应符合下列规定：

1）水乳型及反应型涂料宜为5～35℃。

2）溶剂型涂料宜为-5～35℃。

3）热熔型涂料不宜低于-10℃。

4）聚合物水泥涂料宜为5～35℃。

2. 施工质量检查

（1）主控项目。

1）防水涂料和胎体增强材料应有产品合格证书和性能检测报告，材料的品种、规格、性能等应符合现行国家产品标准和设计要求。

检验方法：检查出厂合格证、质量检验报告和现场抽样复验报告。

2）涂膜防水层不得有渗漏或积水现象。

检验方法：雨后或淋水、蓄水检验。

3）天沟、檐沟、檐口、水落口、泛水、变形缝和伸出屋面管道的防水构造必须符合设计要求。

检验方法：观察检查和检查隐蔽工程验收记录。

（2）一般项目。

1）涂膜防水层的平均厚度应符合设计要求，最小厚度不应小于设计厚度的80%。

检验方法：针测法或取样量测。

2）涂膜防水层与基层应黏结牢固，表面平整，涂刷均匀，无流淌、皱折、鼓泡、露胎体和翘连等缺陷。

检验方法：观察检查。

3）涂膜防水层上的撒布材料或浅色涂料保护层应铺撒或涂刷均匀、黏结牢固；水泥砂浆、块材或细石混凝土保护层与涂膜防水层间应设置隔离层；刚性保护层的分格缝留置应符合设计要求。

检验方法：观察检查。

4）胎体增强材料搭接宽度在短边方向上不小于50mm，在长边方向上不大于70mm。

检验方法：钢尺检查。

六、屋面细石混凝土防水层

1. 施工质量控制

（1）基层表面应平整坚实，不得有起砂、裂缝、松动等现象。

（2）混凝土应按设计要求的干密度和抗压强度进行配合比设计，拌制时应计量准确，搅拌均匀。

（3）施工气温宜在5～35℃，不得在负温或烈日曝晒条件下施工。

（4）混凝土浇筑12～24h后，及时用草袋覆盖浇水养护，不少于14d。

2. 施工质量检查

（1）主控项目。

1）细石混凝土防水层所用的原材料及配合比、密封材料的质量必须符合设计要求。

检验方法：检查出厂合格证、质量检验报告、计量措施和现场抽样复验报告。

2）细石混凝土防水层不得有渗漏或积水现象。

检验方法：雨后或淋水、蓄水检验。

3）细石混凝土防水层在天沟、檐沟、檐口、水落口、泛水、变形缝和伸出层面管道的防水构造，必须符合设计要求。

检验方法：观察检查和检查隐蔽工程验收记录。

4）密封材料嵌填必须密实、连续、饱满，粘贴牢固，无气泡、开裂、脱落等缺陷。

检验方法：观察检查。

（2）一般项目。

1）细石混凝土防水层应表面平整、压实抹光，不得有裂缝、起壳、起砂等缺陷。

检验方法：观察检查。

2）细石混凝土防水层的厚度和钢筋位置应符合设计要求。

检验方法：观察和尺量检查。

3）细石混凝土防水层分格缝的设置位置和间距应符合设计要求。

检查方法：观察和尺量检查。

4）细石混凝土防水层表面平整度的允许偏差为5mm。

检验方法：用2m靠尺和楔形塞尺检查。

5）嵌填密封材料的基层应牢固、干净、干燥，表面应平整、密实。

检验方法：观察检查。

6）密封防水接缝宽度的允许偏差为±10%，接缝深度为宽度的0.5～0.7倍。

检验方法：尺量检查。

7）嵌填的密封材料表面应平滑，缝边应顺直，无凹凸不平现象。

检验方法：观察检查。

七、屋面密封材料嵌缝

1. 施工质量控制

（1）密封防水部位的基层应符合下列规定：

1）基层应牢固，表面应平整、密实，不得有裂缝、蜂窝、麻面、起皮和起砂等现象。

2）基层应清洁、干燥，应无油污、无灰尘。

3）嵌入的背衬材料与接缝壁间不得留有空隙。

4）密封防水部位的基层宜涂刷基层处理剂，涂刷应均匀，不得漏涂。

（2）改性沥青密封材料防水施工应符合下列规定：

1）采用冷嵌法施工时，宜分次将密封材料嵌填在缝内，并应防止裹入空气；

2）采用热灌法施工时，应由下向上进行，并宜减少接头；密封材料熬制及浇灌温度，应按不同材料要求严格控制。

（3）合成高分子密封材料防水施工应符合下列规定：

1）单组分密封材料可直接使用；多组分密封材料应根据规定的比例准确计量，并应拌和均匀；每次拌和量、拌和时间和拌和温度，应按所用密封材料的要求严格控制。

2）采用挤出枪嵌填时，应根据接缝的宽度选用口径合适的挤出嘴，应均匀挤出密封材料嵌填，并应由底部逐渐充满整个接缝。

3）密封材料嵌填后，应在密封材料表干前用腻子刀嵌填修整。

（4）密封材料嵌填应密实、连续、饱满，应与基层黏结牢固；表面应平滑，缝边应顺直，不得有气泡、孔洞、开裂、剥离等现象。

（5）对嵌填完毕的密封材料，应避免碰损及污染；固化前不得踩踏。

（6）密封材料的贮运、保管应符合下列规定：

1）运输时应防止日晒、雨淋、撞击、挤压。

2）贮运、保管环境应通风、干燥，防止日光直接照射，并应远离火源、热源；乳胶型密封材料在冬季时应采取防冻措施。

3）密封材料应按类别、规格分别存放。

（7）进场的密封材料应检验下列项目：

1）改性石油沥青密封材料的耐热性、低温柔性、拉伸黏结性、施工度。

2）合成高分子密封材料的拉伸模量、断裂伸长率、定伸黏结性。

（8）接缝密封防水的施工环境温度应符合下列规定：

1）改性沥青密封材料和溶剂型合成高分子密封材料宜为 0 ～ 35℃；

2）乳胶型及反应型合成高分子密封材料宜为 5 ～ 35℃。

2. 施工质量检查

（1）主控项目。

1）密封材料嵌填必须密实、连续、饱满、黏结牢固，无气泡、开裂、脱落等缺陷。

检验方法：观察检查。

2）密封材料质量必须符合设计要求和现行有关标准的规定。

检验方法：检查出厂合格证、配合比和现场抽样复验报告。

（2）一般项目。

1）基层应牢固、干净、干燥，表面应平整、密实。

检验方法：观察检查。

2）嵌填的密封材料表面应平滑，缝边应顺直，无凹凸不平现象。

检验方法：观察检查。

3）密封防水接缝允许偏差宽度为 ±10mm，深度为宽度的 0.5 ～ 0.7 倍。

检验方法：钢尺检查。

八、平瓦屋面

1. 施工质量控制

（1）瓦屋面采用的木质基层、顺水条、挂瓦条的防腐、防火及防蛀处理，以及金属顺水条、挂瓦条的防锈蚀处理，均应符合设计要求。

（2）屋面木基层应铺钉牢固、表面平整；钢筋混凝土基层的表面应平整、干净、干燥。

（3）防水垫层的铺设应符合下列规定：

1）防水垫层可采用空铺、满粘或机械固定。

2）防水垫层在瓦屋面构造层次中的位置应符合设计要求。

3）防水垫层宜自下而上平行屋脊铺设。

4）防水垫层应顺流水方向搭接，搭接宽度应符合表 4–4 的规定。

表 4–4 防水垫层的最小厚度和搭接宽度

防水垫层品种	最小厚度（mm）	搭接宽度（mm）
自粘聚合物沥青防水垫层	1.0	80
聚合物改性沥青防水垫层	2.0	100

5）防水垫层应铺设平整，下道工序施工时，不得损坏已铺设完成的防水垫层。

（4）持钉层的铺设应符合下列规定：

1）屋面无保温层时，木基层或钢筋混凝土基层可视为持钉层；钢筋混凝土基层不平整时，宜用 1：2.5 的水泥砂浆进行找平。

2）屋面有保温层时，保温层上应按设计要求做细石混凝土持钉层，内配钢筋网应骑跨屋脊，并应绷直与屋脊和檐口、檐沟部位的预埋锚筋；预埋铺筋穿过防水层或防水垫层时，破损处应进行局部密封处理。

3）水泥砂浆或细石混凝土持钉层可不设分格缝；持钉层与突出屋面结构的交接处应预留 30mm 宽的缝隙。

（5）顺水条应顺流水方向固定，间距不宜大于 500mm，顺水条应铺钉牢固、平整。钉挂瓦条时应拉通线，挂瓦条的间距应根据瓦片尺寸和屋面坡长经计算确定，挂瓦条应铺钉牢固、平整，上棱应成一直线。

（6）铺设瓦屋面时，瓦片应均匀分散堆放在两坡屋面基层上，严禁集中堆放。铺瓦时，应由两坡从下向上同时对称铺设。

（7）瓦片应铺成整齐的行列，并应彼此紧密搭接，应做到瓦榫落槽、瓦脚挂牢、瓦头排齐，且无翘角和张口现象，檐口应成一直线。

（8）脊瓦搭盖间距应均匀，脊瓦与坡面瓦之间的缝隙应用聚合物水泥砂浆填实抹平，屋脊或斜脊应顺直。沿山墙一行瓦宜用聚合物水泥砂浆做出披水线。

（9）檐口第一根挂瓦条应保证瓦头出檐口 50 ～ 70mm；屋脊两坡最上面的一根挂瓦条，应保证脊瓦在坡面瓦上的搭盖宽度不小于 40mm；钉檐口条或封檐板时，均应高出挂瓦条 20 ～ 30mm。

（10）烧结瓦、混凝土瓦屋面完工后，应避免屋面受物体冲击，严禁任意上人或堆放物件。

（11）烧结瓦、混凝土瓦的贮运、保管应符合下列规定：

1）烧结瓦、混凝土瓦运输时应轻拿轻放，不得抛扔、碰撞。

2）进入现场后应堆垛整齐。

（12）进场的烧结瓦、混凝土瓦应检验抗渗性、抗冻性和吸水率等项目。

2. 施工质量检查

（1）主控项目。

1）平瓦必须铺置牢固。地震设防地区或坡度大于 50% 的屋面，应采取固定加强措施。

检验方法：观察或手扳检查。

2）平瓦及其脊瓦质量必须符合设计要求。

检验方法：观察、检查出厂合格证或质量检验报告。

（2）一般项目。

1）挂瓦条应分档均匀，铺钉平整、牢固，瓦面平整，行列整齐，搭接紧密，檐口平直。

检验方法：观察检查。

2）脊瓦应搭盖正确，间距均匀，封固严密；屋脊和斜脊应顺直，无起伏现象。

检验方法：观察或手扳检查。

3）泛水做法应符合设计要求，顺直整齐，结合严密，无渗漏。

检验方法：观察检查和雨后或淋水检验。

4）脊瓦在两坡面瓦上的搭盖宽度每边不小于 40mm。

检验方法：钢尺检查。

5）瓦伸入天沟、檐沟的长度为 50 ～ 70mm。

检验方法：钢尺检查。

6）天沟、檐沟的防水层伸入瓦内宽度不小于 150mm

检验方法：钢尺检查。

7）瓦头挑出封檐板的长度为 50 ～ 70mm。

检验方法：钢尺检查。

8）突出屋面的墙或烟囱的侧面瓦伸入泛水宽度不小于 50mm。

检验方法：钢尺检查。

九、油毡瓦屋面

1. 施工质量控制

（1）铺设油毡瓦前，应在基层上弹出水平及垂直基准线，并应按线铺设。

（2）檐口部位宜先铺设金属滴水板或双层檐口瓦，并应将其固定在基层上，再铺设防水垫层和起始瓦片。

（3）油毡瓦应自檐口向上铺设，起始层瓦应由瓦片经切除垂片部分后制得，且起始层瓦沿檐口应平行铺设并伸出檐口 10mm，再用沥青基胶结材料和基层黏结；第一层瓦应与起始层瓦叠合，但瓦切口应向下指向檐口；第二层瓦应压在第一层瓦上且露出瓦切口，但不得超过切口长度。相邻两层油毡瓦的拼缝及切口应均匀错开。

（4）檐口、屋脊等屋面边沿部位的油毡瓦之间、起始层沥青瓦与基层之间，应采用沥青基胶结材料满粘牢固。

（5）在油毡瓦上钉固定钉时，应将钉垂直钉入持钉层内；固定钉穿入细石混凝土持钉层的深度不应小于 20mm，穿入木质持钉层的深度不应小于 15mm，固定钉的钉帽不得外露在油毡瓦表面。

（6）每片脊瓦应用两个固定钉固定；脊瓦应顺年最大频率风向搭接，并应搭盖住两坡面油毡瓦每边不小于 150mm；脊瓦与脊瓦的压盖面不应小于脊瓦面积的 1/2。

（7）油毡瓦屋面与立墙或伸出屋面的烟囱、管道的交接处应做泛水，在其周边与立面 250mm 的范围内应铺设附加层，然后在其表面用沥青基胶结材料满粘一层油毡瓦片。

（8）铺设油毡瓦屋面的天沟应顺直，瓦片应黏结牢固，搭接缝应密封严密，排水应通畅。

（9）油毡瓦的贮运、保管应符合下列规定：

1）不同类型、规格的产品应分别堆放。

2）贮存温度不应高于 45℃，并应平放贮存。

3）应避免雨淋、日晒、受潮，并应注意通风和避免接近火源。

（10）进场的油毡瓦应检验可溶物含量、拉力、耐热度、柔度、不透水性、叠层剥离强度等项目。

2. 施工质量检查

（1）主控项目。

1）油毡瓦质量必须符合设计要求。

检验方法：观察、检查出厂合格证或质量检验报告。

2）油毡瓦所用固定钉必须钉平、钉牢，严禁钉帽外露油毡瓦表面。

检验方法：观察检查。

（2）一般项目。

1）油毡瓦铺设方法应正确；油毡瓦之间的对缝，上下层不得重合。

检验方法：观察检查。

2）油毡瓦应与基层紧贴，瓦面平整，檐口顺直。

检验方法：观察检查。

3）泛水做法应符合设计要求，顺直整齐，结合严密，无渗漏。

检验方法：观察检查和雨后或淋水检验。

4）脊瓦与脊瓦的压盖面不小于脊瓦面积的 1/2。

检验方法：观察或钢尺检查。

5）脊瓦与两坡面油毡瓦搭盖宽度每边不小于 100mm。

检验方法：钢尺检查。

6）油毡瓦在屋面与突出屋面结构的交接处铺贴高度不小于 250mm。

检验方法：钢尺检查。

十、金属板屋面

1. 施工质量控制

（1）金属板屋面施工应在主体结构和支承结构验收合格后进行。

（2）金属板屋面施工前应根据施工图纸进行深化排板图设计。金属板铺设时，应根据金属板板型技术要求和深化设计排板图进行。

（3）金属板屋面施工测量应与主体结构测量相配合，其误差应及时调整，不得积累；施工过程中应定期对金属板的安装定位基准点进行校核。

（4）金属板屋面的构件及配件应有产品合格证和性能检测报告，其材料的品种、规格、性能等应符合设计要求和产品标准的规定。

（5）金属板的长度应根据屋面排水坡度、板型连接构造、环境温差及吊装运输条件等综合确定。

（6）金属板的横向搭接方向宜顺主导风向；当在多维曲面上雨水可能翻越金属板板肋横流时，金属板的纵向搭接应顺流水方向。

（7）金属板铺设过程中应对金属板采取临时固定措施，当天就位的金属板材应及时连接固定。

（8）金属板安装应平整、顺滑，板面不应有施工残留物；檐口线、屋脊线应顺直，不得有起伏不平现象。

（9）金属板屋面施工完毕，应进行雨后观察、整体或局部淋水试验，檐沟、天沟应进行蓄水试验，并应填写淋水和蓄水试验记录。

（10）金属板屋面完工后，应避免屋面受物体冲击，并不宜对金属面板进行焊接、开孔等作业，严禁任意上人或堆放物件。

（11）金属板应边缘整齐、表面光滑、色泽均匀、外形规则，不得有扭翘、脱膜和锈蚀等缺陷。

（12）金属板的吊运、保管应符合下列规定：

1）金属板应用专用吊具安装，吊装和运输过程中不得损伤金属板材。

2）金属板堆放地点宜选择在安装现场附近，堆放场地应平整坚实且便于排除地面水。

（13）进场的彩色涂层钢板及钢带应检验屈服强度、抗拉强度、断后伸长率、镀层重量、涂层厚度等项目。

（14）金属面绝热夹芯板的贮运、保管应符合下列规定：

1）夹芯板应采取防雨、防潮、防火措施。

2）夹芯板之间应用衬垫隔离，并应分类堆放，应避免受压或机械损伤。

进场的金属面绝热夹芯板应检验剥离性能、抗弯承载力、防火性能等项目。

2. 施工质量检查

（1）主控项目。

1）金属板材及辅助材料规格和质量必须符合设计要求和现行有关标准的规定。

检验方法：检查出厂合格证或质量检验报告。

2）金属板材的连接和密封处理。

检验方法：观察检查和雨后或淋水检验。

3）基板不应有裂纹，涂、镀层不应有肉眼可见的裂纹、剥落、擦痕及颜色不匀等缺陷。

检验方法：观察检查。

4）金属板防腐安装应固定可靠、牢固，防腐涂料涂刷和密封材料敷设应完好，连接件（锚固件）位置、数量、间距应符合设计要求，接缝严密，搭接顺流水向。

检验方法：观察检查。

5）金属板在支承构件上的搭接长度如表4–5所示。

检验方法：观察检查。

表4–5　　金属板在支撑构件上的搭接长度

结构类型		搭接长度（mm）
截面高度＞70mm		≥375
截面高度≤70mm	屋面坡度＜1/10	≥250
	屋面坡度≥1/10	≥200
墙面		≥120

（2）一般项目。

1）压型金属板表面应干净，不应有明显凹凸和皱折。

检验方法：观察检查。

2）压型金属安装应平整、顺直，板面不应有施工残留物和污物；檐口和墙下端应呈直线，不应有未经处理的错钻孔洞。

检验方法：观察检查。

3）金属板材屋面的搭檐口线，泛水段应顺直，无起伏现象。

检验方法：观察检查。

4）檐口与屋脊的平行度不大于12mm。

检验方法：观察和钢尺检查。

5）波纹线对屋脊的垂直度不大于L_b/800（L_b指波纹板长度），且不大于25.0mm。

检验方法：拉线和钢尺检查。

6）檐口相邻两板端部错位不大于6mm。

检验方法：钢尺检查。

7）卷边板件最大波浪高不大于4mm。

检验方法：钢尺检查。

8）金属板材固定支架纵、横轴线偏差为 ±10mm。

检验方法：拉线和钢尺检查。

9）金属板材搭接长度相邻板不少于 1 个波，上下排不小于 200mm。

检验方法：观察和钢尺检查。

10）泛水与金属板材搭接宽度不小于 200m。

检验方法：钢尺检查。

11）金属板材伸入天沟、檐沟长度不小于 150mm。

检验方法：钢尺检查。

12）金属板材挑出墙面长度不小于 200mm。

检验方法：钢尺检查。

十一、屋面工程细部构造

1. 施工质量控制

（1）女儿墙、泛水施工应满足以下要求：

1）铺贴泛水处的卷材应采取满粘法。

2）砖墙上的卷材收头可直接铺压在女儿墙压顶下，并做防水处理，也可压入砖墙凹槽内固定密封，凹槽距屋面找平层不小于 250mm，凹槽上部的墙体应做防水处理。

3）混凝土墙上的卷材收头应采用金属压条钉压，并用密封材料封严。

4）女儿墙上口平面应做成大于 2% 坡度的向内坡面，女儿墙内侧面宜不大于 6m 间距，留置墙面垂直缩缝，缝宽 5～20mm。

（2）天沟、檐沟、檐口施工应满足以下要求：

1）天沟、檐沟与细石混凝土防水层的交接处，应留凹槽，用密封材料填实。

2）卷材、涂膜在天沟、檐沟底部应增加一层防水，并密封严实。

3）檐口下端应抹出鹰嘴和滴水槽。

（3）水落口（雨水口）施工应满足以下要求：

1）水落口杯上口的标高应设置在沟底的最低处。

2）防水层贴入水落口杯内不应小于 50mm。

3）水落口周围直径 500mm 范围内的坡度不应小于 5%，并采用防水涂料或密封材料涂封，其厚度不小于 2mm。

4）水落口杯与基层接触处应留宽 20mm、深 20mm 的凹槽，并嵌填密封材料。

（4）确保排气通畅，根部防水良好，排气孔距屋面面层不得小于250mm，排气孔美观、实用。

（5）通气管施工应满足以下要求：

1）穿屋面通气管必须设置套管，与屋面找平层之间留置伸缩缝，用密封材料嵌填，并应加设卷材或涂膜附加层。

2）管道根部直径500mm范围内，找平层应抹出高度不小于30mm圆台。

3）管道上部防水层收头处应用金属箍紧固，密封材料封严。

4）通气管高出屋面300mm，且大于最大积雪厚度（非上人屋面），上人平屋面、通气管应高出屋面2m，安装牢固且有避雷装置（设计要求）。

（6）落水管、水簸箕施工应满足以下要求：

1）屋面水落管的数量，根据设计规范，通过每根水落管的屋面汇水面积计算确定。

2）高跨屋面为无组织排水时，其低跨屋面受水冲刷的部位，应加铺一层卷材附加层上铺300～500mm宽的C20混凝土板材加强保护。

3）高跨屋面为有组织排水时，水落管下应加设水簸箕。

（7）屋面变形缝施工应满足以下要求：

1）天沟、檐沟排水不得流经变形缝和防火墙。

2）高低跨变形缝处的防水处理，应采用有足够变形能力的材料和构造措施。

3）变形缝的泛水高度不应小于250mm。

4）变形缝内应填充泡沫塑料，其上放衬垫材料，并用卷材封盖，顶部应加混凝土盖板或金属盖板。

（8）屋面设备基座及其他基座施工应满足以下要求：

1）设施基座与结构层相连时，防水层应包裹设施基座的上部，并在地脚螺栓周围做密封处理。

2）在防水层上放置设施时，设施下部的防水层应做卷材增强层，必要时应在其上浇筑细石混凝土，其厚度不应小于50mm。

3）需经常维护的设施周围和屋面出入口至设施之间的人行道应铺设刚性保护层。

4）伸出屋面的管道、设备或预埋件等，应在防水层施工前安装完毕。

（9）反梁过水孔施工应满足以下要求：

1）留置的过水孔高度不应小于150mm，宽度不应小于250mm，采用预埋管道时其管径不得小于75mm。

2）过水孔可采用防水涂料，密封材料防水。预埋管道两端周围与混凝土接触处应留凹槽，并用密封材料封严。

2. 施工质量检查

（1）天沟、檐沟的排水坡度必须符合设计要求：

检验方法：水平仪（水平尺）、拉线和钢尺检查。

（2）沟内附加层在天沟、檐沟与屋面交接处宜空铺，空铺的宽度不应小于200mm；卷材防水层应由沟底翻上至沟外檐顶部，卷材收头应用水泥钉固定，并用密封材料封严；涂膜收头应用防水涂料多遍涂刷或用密封材料封严；在天沟、檐沟与细石混凝土防水层的交接处，应留凹槽，并用密封材料嵌填严密。

检验方法：观察检查和检查隐蔽工程验收记录。

（3）铺贴檐口800mm范围内的卷材应采取满粘法；卷材收头应压入凹槽，采用金属压条钉压，并用密封材料封口；涂膜收头应用防水涂料多遍涂刷或用密封材料封严；檐口下端应抹出鹰嘴和滴水槽。

检验方法：观察检查和检查隐蔽工程验收记录。

（4）水落口杯上口的标高应设置在沟底的最低处；防水层贴入水落口杯内不应小于50mm；水落口周围直径500mm范围内的坡度不应小于5%，并采用防水涂料或密封材料涂封，其厚度不应小于2mm；水落口杯与基层接触处应留宽20mm、深20mm的凹槽，并嵌填密封材料。

检验方法：观察检查和检查隐蔽工程验收记录。

（5）铺贴泛水处的卷材应采取满粘法；砖墙上的卷材收头可直接铺压在女儿墙压顶下，压顶应做防水处理；也可压入砖墙凹槽内固定密封，凹槽距屋面找平层不应小于250mm，凹槽上部的墙体应做防水处理；涂膜防水层应直接涂刷至女儿墙的压顶下，收头处理应用防水涂料多遍涂刷封严，压顶应做防水处理；混凝土墙上的卷材收头应采用金属压条钉压，并用密封材料封严。

检验方法：观察检查和检查隐蔽工程验收记录。

（6）变形缝的泛水高度不应小于250mm；防水层应铺贴到变形缝两侧砌体的上部；变形缝内应填充聚苯乙烯泡沫塑料，上部填放衬垫材料，并用卷材封盖；变形缝顶部应加扣混凝土或金属盖板，混凝土盖板的接缝应用密封材料嵌填。

检验方法：观察检查和检查隐蔽工程验收记录。

（7）管道根部直径500mm范围内，找平层应抹出高度不小于30mm的圆台；管道周围与找平层或细石混凝土防水层之间应预留 20mm×20mm 的凹槽，并用密封材料嵌填严密；管道根部四周应增设附加层，宽度和高度均不应小于 300mm；管道上的防水层收头处应用金属箍紧固，并用密封材料封严。

检验方法：观察检查和检查隐蔽工程验收记录。

（8）设施基座与结构层相连时，防水层应包裹住设施基座的上部，并在地脚螺栓周围做密封处理。在防水层上放置设施时，设施下部的防水层应做卷材增强层，必要时应在其上浇筑细石混凝土，其厚度不应小于 50mm。

检验方法：观察检查和检查隐蔽工程验收记录。

十二、架空屋面

1. 施工质量控制

（1）架空隔热层施工前，应将屋面清扫干净，并应根据架空隔热制品的尺寸弹出支座中线。

（2）在架空隔热制品支座底面，应对卷材、涂膜防水层采取加强措施。

（3）铺设架空隔热制品时，应随时清扫屋面防水层上的落灰、杂物等，操作时不得损伤已完工的防水层。

（4）架空隔热制品的铺设应平整、稳固，缝隙应勾填密实。

2. 施工质量检查

（1）主控项目。

架空隔热制品质量必须符合设计要求，严禁有断裂和露筋等缺陷。

检验方法：观察和钢尺检查。

（2）一般项目。

1）架空隔热制品的铺设应平整、稳固，缝隙勾填应密实；架空隔热制品距山墙或女儿墙不得小于 250mm，架空层中不得堵塞，架空高度及变形缝做法应符合设计要求。

检验方法：观察和钢尺检查。

2）架空隔热制品相邻两块的高低差不得大于 3mm。

检验方法：直尺和楔形塞尺检查。

十三、蓄水、种植屋面

1. 施工质量控制

（1）种植隔热层施工应符合下列规定：

1）种植隔热层挡墙或挡板施工时，留设的泄水孔位置应准确，并不得堵塞。

2）凹凸型排水板宜采用搭接法施工，搭接宽度应根据产品的规格具体确定；网状交织排水板宜采用对接法施工；采用陶粒做排水层时，铺设应平整，厚度应均匀。

3）过滤层土工布铺设应平整、无皱折，搭接宽度不应小于100mm，搭接宜采用黏合或缝合处理；土工布应沿种植土周边向上铺设至种植土高度。

4）种植土层的荷载应符合设计要求；种植土、植物等应在屋面上均匀堆放，且不得损坏防水层。

（2）蓄水隔热层施工应符合下列规定：

1）蓄水池的所有孔洞应预留，不得后凿。所设置的溢水管、排水管和给水管等，应在混凝土施工前安装完毕。

2）每个蓄水区的防水混凝土应一次浇筑完毕，不得留置施工缝。

3）蓄水池的防水混凝土施工时，环境气温宜为5～35℃，并应避免在冬期和高温期施工。

4）蓄水池的防水混凝土完工后，应及时进行养护，养护时间不得少于14d，蓄水后不得断水。

5）蓄水池的溢水口标高、数量、尺寸应符合设计要求；过水孔应设在分仓墙底部，排水管应与水落管连通。

2. 施工质量检查

（1）蓄水屋面上设置的溢水口、过水孔、排水管、溢水管，其大小、位置、标高的留设必须符合设计要求。

检验方法：观察和钢尺检查。

（2）蓄水屋面防水层施工必须符合设计要求，不得有渗漏现象。

检验方法：蓄水至规定高度，观察检查。

（3）种植屋面挡墙泄水孔留设必须符合设计要求，并不得堵塞。

检验方法：观察和钢尺检查。

（4）种植屋面防水层的合理使用年限不应少于15年。应采用二道或二道以上防水层设防，最上道防水层必须采用耐根穿刺防水材料，防水层的材料应相容。

检验方法：蓄水至规定高度，观察检查。

（5）滤水层施工应符合设计要求。

检验方法：观察和钢尺检查。

（6）种植土的铺设厚度、材质、粒径、配比应符合设计要求。

检验方法：尺检查、检查配合比。

第二节　地下防水工程

一、基本规定

（1）地下工程的防水等级标准应符合表 4–6 的规定。

表 4–6　　地下工程防水等级标准

防水等级	防水标准
1 级	不允许渗水，结构表面无湿渍
2 级	不允许漏水，结构表面可有少量湿渍； 房屋建筑地下工程：总湿渍面积不大于总防水面积（包括顶板、墙面、地面）的 1‰；任意 100m² 防水面积上的湿渍不超过 2 处，单个湿渍的最大面积不大于 0.1m²； 其他地下工程：湿渍总面积不应大于总防水面积的 2‰；任意 100m² 防水面积上的湿渍不超过 3 处，单个湿渍的最大面积不大于 0.2m²；其中，隧道工程平均渗水量不大于 0.05L /（m²·d），任意 100m² 防水面积上的渗水量不大于 0.15L /（m²·d）
3 级	有少量漏水点，不得有线流和漏泥沙； 任意 100m² 防水面积上的漏水或湿渍点数不超过 7 处，单个漏水点的最大漏水量不大于 2.5L /d，单个湿渍的最大面积不大于 0.3m²
4 级	有漏水点，不得有线流和漏泥沙； 整个工程平均漏水量不大于 2L /（m²·d），任意 100m² 防水面积上的平均漏量不大于 4L /（m²·d）

（2）地下防水工程必须由持有资质等级证书的防水专业队伍进行施工，主要施工人员应持有省级及以上建设行政主管部门或其指定单位颁发的执业资格证书或防水专业岗位证书。

（3）地下防水工程施工前，应通过图纸会审，掌握结构主体及细部构造的防水要求，施工单位应编制防水工程专项施工方案，经监理单位或建设单位审查批准后执行。

（4）地下防水工程所使用防水材料的品种、规格、性能等必须符合现行国家或行业产品标准和设计要求。

（5）防水材料必须经具备相应资质的检测单位进行抽样检验，并出具产品性能检测报告。

（6）防水材料的进场验收应符合下列规定：

1）对材料的外观、品种、规格、包装、尺寸和数量等进行检查验收，并经监理单位或建设单位代表检查确认，形成相应验收记录。

2）对材料的质量证明文件进行检查，并经监理单位或建设单位代表检查确认，纳入工程技术档案。

3）材料进场后应按 GB 50345《屋面工程技术规范》附录 A 和附录 B 的规定抽样检验，检验应执行见证取样送检制度，并出具材料进场检验报告。

（7）地下防水工程施工期间，必须保持地下水位稳定在工程底部最低高程 0.5m 以下，必要时应采取降水措施。对采用明沟排水的基坑，应保持基坑干燥。

（8）地下防水工程不得在雨天、雪天和五级风及其以上时施工；防水材料施工环境气温条件宜符合表 4–7 的规定。

表 4–7　防水材料施工环境气温条件

防水材料	施工环境气温条件
高聚物改性沥青防水卷材	冷粘法、自粘法不低于 5℃，热熔法不低于 –10℃
合成高分子防水卷材	冷粘法、自粘法不低于 5℃，焊接法不低于 –10℃
有机防水涂料	溶剂型 –5 ～ 35℃，反应型、溶乳型 5 ～ 35℃
无机防水涂料	5 ～ 35℃
防水混凝土、防水砂浆	5 ～ 35℃
膨润土防水涂料	不低于 –20℃

二、防水混凝土

1. 施工质量控制

（1）水泥的选择应符合下列规定：

1）宜采用普通硅酸盐水泥或硅酸盐水泥，采用其他品种水泥时应经试验确定。

2）在受侵蚀性介质作用时，应按介质的性质选用相应的水泥品种。

3）不得使用过期或受潮结块的水泥，并不得将不同品种或强度等级的水泥混合使用。

（2）砂、石的选择应符合下列规定：

1）砂宜选用中粗砂，含泥量不应大于 3.0%，泥块含量不宜大于 1.0%。

2）不宜使用海砂；在没有使用河砂的条件时，应对海砂进行处理后才能使用，且控制氯离子含量不得大于 0.06%。

3）碎石或卵石的粒径宜为 5 ～ 40mm，含泥量不应大于 1.0%，泥块含量不应大于 0.5%。

4）对长期处于潮湿环境的重要结构混凝土用砂、石，应进行碱活性检验。

（3）矿物掺合料的选择应符合下列规定：

1）粉煤灰的级别不应低于二级，烧失量不应大于 5%。

2）硅粉的比表面积不应小于 15000m^2/kg，SiO_2 含量不应小于 85%。

3）粒化高炉矿渣粉的品质要求应符合现行标准 GB/T 18046《用于水泥和混凝土中的粒化高炉矿渣粉》的有关规定。

（4）混凝土拌和用水应符合现行行业标准 JGJ 63《混凝土用水标准》的有关规定。

（5）外加剂的选择应符合下列规定：

1）外加剂的品种和用量应经试验确定，所用外加剂应符合现行标准 GB 50119《混凝土外加剂应用技术规范》的质量规定；

2）掺加引气剂或引气型减水剂的混凝土，其含气量宜控制在 3% ～ 5%。

3）考虑外加剂对硬化混凝土收缩性能的影响。

4）严禁使用对人体产生危害、对环境产生污染的外加剂。

（6）防水混凝土的配合比应经试验确定，并应符合下列规定：

1）试配要求的抗渗水压值应比设计值提高 0.2MPa。

2）混凝土胶凝材料总量不宜小于 320kg/m^3，其中水泥用量不宜少于 260kg/m^3；粉煤灰掺量宜为胶凝材料总量的 20% ～ 30%，硅粉的掺量宜为胶凝材料总量的 2%～ 5%。

3）水胶比不得大于 0.50，有侵蚀性介质时水胶比不宜大于 0.45。

4）砂率宜为 35% ～ 40%，泵送时可增加到 45%。

5）灰砂比宜为 1∶1.5 ～ 1∶2.5。

6）混凝土拌和物的氯离子含量不应超过胶凝材料总量的 0.1%；混凝土中各类材料的总碱量即 Na_2O 当量不得大于 3kg/m^3。

（7）防水混凝土采用预拌混凝土时，入泵坍落度宜控制在 120 ～ 140mm，坍落度每小时损失不应大于 20mm，坍落度总损失值不应大于 40mm。

（8）混凝土拌制和浇筑过程控制应符合下列规定：

1）拌制混凝土所用材料的品种、规格和用量，每工作班检查不应少于两次。每盘混凝土各组成材料计量结果的允许偏差应符合表 4–8 的规定。

表 4–8 混凝土组成材料计量结果的允许偏差

混凝土组成材料	每盘计量	累计计量
水泥、掺合料	±2%	±1%
粗、细骨料	±3%	±2%
水、外加剂	±2%	±1%

注 累计计量仅适用于微机控制计量的搅拌站。

2）混凝土在浇筑地点的坍落度，每工作班至少检查两次。混凝土的坍落度试验应符合现行标准 GB/T 50080《普通混凝土拌合物性能试验方法标准》的有关规定。混凝土坍落度允许偏差应符合 4–9 的规定。

表 4–9 混凝土坍落度允许偏差 mm

要求坍落度	允许偏差
≤ 40	±10
50 ～ 90	±15
≥ 100	±20

3）泵送混凝土拌和物在运输后出现离析，必须进行二次搅拌。当坍落度损失后不能满足施工要求时，应加入原水胶比的水泥浆或掺加同品种的减水剂进行搅拌，严禁直接加水。

（9）防水混凝土抗压强度试件，应在混凝土浇筑地点随机取样后制作，并应符合下列规定：

1）同一工程、同一配合比的混凝土，取样频率和试件留置组数应符合现行标准 GB 50204《混凝土结构工程施工质量验收规范》的有关规定。

2）抗压强度试验应符合现行标准 GB/T 50081《普通混凝土力学性能试验方法标准》的有关规定。

3）结构构件的混凝土强度评定应符合现行标准 GB/T 50107《混凝土强度检验评定标准》的有关规定。

（10）防水混凝土抗渗性能应采用标准条件下养护混凝土抗渗试件的试验结果评定，试件应在混凝土浇筑地点随机取样后制作，并应符合下列规定：

1）连续浇筑混凝土每500m^3应留置一组6个抗渗试件，且每项工程不得少于两组；采用预拌混凝土的抗渗试件，留置组数应视结构的规模和要求而定。

2）抗渗性能试验应符合现行标准GB/T 50082《普通混凝土长期性能和耐久性能试验方法标准》的有关规定。

（11）大体积防水混凝土的施工应采取材料选择、温度控制、保温保湿等技术措施。在设计许可的情况下，掺粉煤灰混凝土设计强度的龄期宜为60d或90d。

（12）防水混凝土分项工程检验批的抽样检验数量，应按混凝土外露面积每100m^2抽查1处，每处10m^2，且不得少于3处。

2. 施工质量检查

（1）主控项目。

1）防水混凝土的原材料、配合比及坍落度必须符合设计要求。

检验方法：检查产品合格证、产品性能检测报告、计量措施和材料进场检验报告。

2）防水混凝土的抗压强度和抗渗性能必须符合设计要求。

检验方法：检查混凝土抗压强度、抗渗性能检验报告。

3）防水混凝土结构的变形缝、施工缝、后浇带、穿墙管、埋设件等设置和构造必须符合设计要求。

检验方法：观察检查和检查隐蔽工程验收记录。

（2）一般项目。

1）防水混凝土结构表面应坚实、平整，不得有露筋、蜂窝等缺陷；埋设件位置应准确。

检验方法：观察检查。

2）防水混凝土结构表面的裂缝宽度不应大于0.2mm，且不得贯通。

检验方法：用刻度放大镜检查。

3）防水混凝土结构厚度不应小于250mm，其允许偏差应为+8mm、–5mm；主体结构迎水面钢筋保护层厚度不应小于50mm，其允许偏差为 ±5mm。

检验方法：尺量检查和检查隐蔽工程验收记录。

三、水泥砂浆防水层

1. 施工质量控制

（1）水泥砂浆防水层的基层质量应符合下列规定：

1）基层表面应平整、坚实、清洁，并应充分湿润，无明水。

2）基层表面的孔洞、缝隙应采用与防水层相同的水泥砂浆填塞并抹平。

3）施工前应将埋设件、穿墙管预留凹槽内嵌填密封材料后，再进行水泥砂浆防水层施工。

（2）水泥砂浆防水层施工应符合下列规定：

1）水泥砂浆的配制、应按所掺材料的技术要求准确计量。

2）分层铺抹或喷涂，铺抹时应压实、抹平，最后一层表面应提浆压光。

3）防水层各层应紧密黏合，每层宜连续施工；必须留设施工缝时，应采用阶梯坡形槎，但与阴阳角的距离不得小于200mm。

4）水泥砂浆终凝后应及时进行养护，养护温度不宜低于5℃，并应保持砂浆表面湿润，养护时间不得少于14d。聚合物水泥防水砂浆未达到硬化状态时，不得浇水养护或直接受雨水冲刷，硬化后应采用干湿交替的养护方法。潮湿环境中，可在自然条件下养护。

（3）水泥砂浆防水层分项工程检验批的抽样检验数量，应按施工面积每100m^2 抽查1处，每处10m^2，且不得少于3处。

2. 施工质量检查

（1）主控项目。

1）防水砂浆的原材料及配合比必须符合设计规定。

检验方法：检查产品合格证、产品性能检测报告、计量措施和材料进场检验报告。

2）防水砂浆的黏结强度和抗渗性能必须符合设计规定。

检验方法：检查砂浆黏结强度、抗渗性能检测报告。

3）水泥砂浆防水层与基层之间应结合牢固，无空鼓现象。

检验方法：观察和用小锤轻击检查。

（2）一般项目。

1）水泥砂浆防水层表面应密实、平整，不得有裂纹、起砂、麻面等缺陷。

检验方法：观察检查。

2）水泥砂浆防水层施工缝留槎位置应正确，接槎应按层次顺序操作，层层搭接紧密。

检验方法：观察检查和检查隐蔽工程验收记录。

3）水泥砂浆防水层的平均厚度应符合设计要求，最小厚度不得小于设计值的85%。

检验方法：用针测法检查。

4）水泥砂浆防水层表面平整度的允许偏差应为5mm。

检验方法：用2m靠尺和楔形塞尺检查。

四、卷材防水层

1. 施工质量控制

（1）卷材防水层应铺设在主体结构的迎水面。

（2）所选用的基层处理剂、胶黏剂、密封材料等均应与铺贴的卷材相匹配。

（3）铺贴防水卷材前，清扫应干净、干燥，并应涂刷基层处理剂；当基面潮湿时，应涂刷湿固化型胶黏剂或潮湿界面隔离剂。

（4）基层阴阳角应做成圆弧或45°坡角，其尺寸应根据卷材品种确定；在转角处、变形缝、施工缝，穿墙管等部位应铺贴卷材加强层，加强层宽度不应小于500mm。

（5）防水卷材的搭接宽度应符合表4–10的要求。铺贴双层卷材时，上下两层和相邻两幅卷材的接缝应错开1/3～1/2幅宽，且两层卷材不得相互垂直铺贴。

表4–10　　防水卷材的搭接宽度

卷材品种	搭接宽度（mm）
弹性体改性沥青防水卷材	100
改性沥青聚乙烯胎防水卷材	100
自粘聚合物改性沥青防水卷材	80
三元乙丙橡胶防水卷材	100/60（胶黏剂/胶结带）
聚氯乙烯防水卷材	60/80（单面焊/双面焊）
	100（胶结剂）
聚乙烯丙纶复合防水卷材	100（黏结料）
高分子自粘胶膜防水卷材	70/80（自粘胶/胶结带）

（6）冷粘法铺贴卷材应符合下列规定：

1）胶黏剂涂刷应均匀，不得露底，不堆积。

2）根据胶黏剂的性能，应控制胶结剂涂刷与卷材铺贴的间隔时间。

3）铺贴时不得用力拉伸卷材，排除卷材下面的空气，辊压黏结牢固。

4）铺贴卷材应平整、顺直，搭接尺寸准确，不得有扭曲、皱折。

5）卷材接缝部位应采用专用黏结剂或胶结带满粘，接缝口应用密封材料封严，其宽度不应小于10mm。

（7）热熔法铺贴卷材应符合下列规定：

1）火焰加热器加热卷材应均匀，不得加热不足或烧穿卷材。

2）卷材表面热熔后应立即滚铺，排除卷材下面的空气，并黏结牢固。

3）铺贴卷材应平整、顺直，搭接尺寸准确，不得有扭曲、皱折。

4）卷材接缝部位应溢出热熔的改性沥青胶料，并黏结牢固，封闭严密。

（8）自粘法铺贴卷材应符合下列规定：

1）铺贴卷材时，应将有黏性的一面朝向主体结构。

2）外墙、顶板铺贴时，排除卷材下面的空气，并黏结牢固。

3）铺贴卷材应平整、顺直，搭接尺寸准确，不得有扭曲、皱折。

4）立面卷材铺贴完成后，应将卷材端头固定，并应用密封材料封严。

5）低温施工时，宜对卷材和基面采用热风适当加热，然后铺贴卷材。

（9）卷材接缝采用焊接法施工应符合下列规定：

1）焊接前卷材应铺放平整，搭接尺寸准确，焊接缝的结合面应清扫干净。

2）焊接前应先焊长边搭接缝，后焊短边搭接缝。

3）控制热风加热温度和时间，焊接处不得漏焊、跳焊或焊接不牢。

4）焊接时不得损害非焊接部位的卷材。

（10）铺贴聚乙烯丙纶复合防水卷材应符合下列规定：

1）应采用配套的聚合物水泥防水黏结材料。

2）卷材与基层粘贴应采用满粘法，黏结面积不应小于90%，刮涂黏结料应均匀，不得露底、堆积、流淌。

3）固化后的黏结料厚度不应小于1.3mm。

4）卷材接缝部位应挤出黏结料，接缝表面处应刮1.3mm厚50mm宽聚合物水泥黏结料封边。

5）聚合物水泥黏结料固化前，不得在其上行走或进行后续作业。

（11）高分子自粘胶膜防水卷材宜采用预铺反粘法施工，并应符合下列规定：

1）卷材宜单层铺设。

2）在潮湿基面铺设时，基面应平整坚固、无明水。

3）卷材长边应采用自粘边搭接，短边应采用胶结带搭接，卷材端部搭接区应相互错开。

4）立面施工时，在自粘边位置距离卷材边缘10～20mm内，每隔400～600mm应进行机械固定，并应保证固定位置被卷材完全覆盖。

5）浇筑结构混凝土时不得损伤防水层。

（12）卷材防水层完工并经验收合格后应及时做保护层。保护层应符合下列规定：

1）顶板的细石混凝土保护层与防水层之间宜设置隔离层。细石混凝土保护层厚度：机械回填时不宜小于70mm，人工回填时不宜小于50mm。

2）底板的细石混凝土保护层厚度不应小于50mm。

3）侧墙宜采用软质保护材料或铺抹20mm厚1∶2.5水泥砂浆。

（13）卷材防水层分项工程检验批的抽检数量，应按铺贴面积每100m^2抽查1处，每处10m^2，且不得少于3处。

2. 施工质量检查

（1）主控项目。

1）卷材防水层所用卷材及其配套材料必须符合设计要求。

检验方法：检查产品合格证、产品性能检测报告和材料进场检验报告。

2）卷材防水层在转角处、变形缝、施工缝、穿墙管等部位做法必须符合设计要求。

检验方法：观察检查和检查隐蔽工程验收记录。

（2）一般项目。

1）卷材防水层的搭接缝应粘贴或焊接牢固，密封严密，不得有扭曲、皱折、翘边和起泡等缺陷。

检验方法：观察检查。

2）采用外防外贴法铺贴卷材防水层时，立面卷材接槎的搭接宽度，高聚物改性沥青类卷材应为150mm，合成高分子类卷材应为100mm，且上层卷材应盖过下层卷材。

检验方法：观察和尺量检查。

3）侧墙卷材防水层的保护层与防水层应结合紧密、保护层厚度应符合设计要求。

检验方法：观察和尺量检查。

4）卷材搭接宽度的允许偏差应为 -10mm。

检验方法：观察和尺量检查。

五、涂料防水层

1. 施工质量控制

（1）有机防水涂料宜用于主体结构的迎水面，无机防水涂料宜用于主体结构的迎水面或背水面。

（2）有机防水涂料应采用反应型、水乳型、聚合物水泥等涂料；无机防水涂料应采用掺外加剂、掺合料的水泥基防水涂料或水泥基渗透结晶型防水涂料。

（3）有机防水涂料基面应干燥。当基面较潮湿时，应涂刷湿固化型胶结剂或潮湿界面隔离剂；无机防水涂料施工前，基面应充分润湿，但不得有明水。

（4）涂料防水层的施工应符合下列规定：

1）多组分涂料应按配合比准确计量，搅拌均匀，并应根据有效时间确定每次配制的用量。

2）涂料应分层涂刷或喷涂，涂层应均匀，涂刷应待前遍涂层干燥成膜后进行；每遍涂刷时应交替改变涂层的涂刷方向，同层涂膜的先后搭压宽度宜为 30 ～ 50mm。

3）涂料防水层的甩槎处接缝宽度不应小于 100mm，接涂前应将其甩槎表面处理干净。

4）采用有机防水涂料时，基层阴阳角处应做成圆弧；在转角处、变形缝、施工缝、穿墙管等部位应增加胎体增强材料和增涂防水涂料，宽度不应小于 50mm。

5）胎体增强材料的搭接宽度不应小于 100mm，上下两层和相邻两幅胎体的接缝应错开 1/3 幅宽，且上下两层胎体不得相互垂直铺贴。

（5）涂料防水层完工并经验收合格后应及时做保护层。保护层应符合下列规定：

1）顶板的细石混凝土保护层与防水层之间宜设置隔离层。细石混凝土保护层厚度：机械回填时不宜小于 70mm，人工回填时不宜小于 50mm。

2）底板的细石混凝土保护层厚度不应小于 50mm。

3）侧墙宜采用软质保护材料或铺抹 20mm 厚 1：2.5 水泥砂浆。

（6）涂料防水层分项工程检验批的抽检数量，应按铺贴面积每 100m^2 抽查 1

处，每处 $10m^2$，且不得少于 3 处。

2. 施工质量检查

（1）主控项目。

1）涂料防水层所用的材料及配合比必须符合设计要求。

检验方法：检查产品合格证、产品性能检测报告、计量措施和材料进场检验报告。

2）涂料防水层的平均厚度应符合设计要求，最小厚度不得低于设计厚度的 90%。

检验方法：用针测法检查。

3）涂料防水层在转角处、变形缝、施工缝、穿墙管等部位做法必须符合设计要求。

检验方法：观察检查和检查隐蔽工程验收记录。

（2）一般项目。

1）涂料防水层应与基层黏结牢固、涂刷均匀，不得流淌、鼓泡、露槎。

检验方法：观察检查。

2）涂层间夹铺胎体增强材料时，应使防水涂料浸透胎体覆盖完全，不得有胎体外露现象。

检验方法：观察检查。

3）侧墙涂料防水层的保护层与防水层应结合紧密，保护层厚度应符合设计要求。

检验方法：观察检查。

六、塑料板防水层

1. 施工质量控制

（1）塑料防水板宜铺设在复合式衬砌的初期支护与二次衬砌之间。

（2）塑料防水板防水层的基面应平整，无尖锐突出物，基面平整度 D/L 不应大于 1/6。其中，D 为初期支护基面相邻两凸面间凹进去的深度；L 为初期支护基面相邻两凸面间的距离。

（3）初期支护的渗漏水，应在塑料防水板防水层铺设前封堵或引排。

（4）塑料板防水板的铺设应符合下列规定：

1）铺设塑料防水板前应先铺缓冲层，缓冲层应用暗钉圈固定在基面上；缓冲层搭接宽度不应小于 50mm；铺设塑料防水板时，应边铺边用压焊机将塑料防水板与暗钉圈焊接。

2）两幅塑料防水板的搭接宽度不应小于100mm，下部塑料防水板应压住上部塑料防水板。接缝焊接时，塑料防水板的搭接层数不得超过3层。

3）塑料防水板的搭接缝应采用双焊缝，每条焊缝的有效宽度不应小于10mm。

4）塑料防水板铺设时宜设置分区预埋注浆系统。

5）分段设置塑料防水板防水层时，两端应采取封闭措施。

（5）塑料防水板的铺设应超前二次衬砌混凝土施工，超前距离宜为5～20m。

（6）塑料防水板应牢固地固定在基面上，固定点间距应根据基面平整情况确定，拱部宜为0.5～0.8m，边墙宜为1～1.5m，底部宜为1.5～2.0m；局部凹凸较大时，应在凹处加密固定点。

（7）塑料防水板防水层分项工程检验批的抽样检验数量，应按铺设面积每100m² 抽查1处，每处10m²，但不得少于3处。焊缝检验应按焊缝条数抽查5%，每条焊缝为1处，但不得少于3处。

2. 施工质量控制

（1）主控项目。

1）塑料防水板及其配套材料必须符合设计要求。

检验方法：检查产品合格证、产品性能检测报告和材料进场检验报告。

2）塑料防水板的搭接缝必须采用双缝热熔焊接，每条焊缝的有效宽度不应小于10mm。

检验方法：双焊缝间空腔内充气检查和尺量检查。

（2）一般项目。

1）塑料防水板应采用无钉孔铺设，应牢固地固定在基面上，固定点间距应根据基面平整情况确定，拱部宜为0.5～0.8m，边墙宜为1～1.5m，底部宜为1.5～2.0m；局部凹凸较大时，应在凹处加密固定点。

检验方法：观察和尺量检查。

2）塑料防水板与暗钉圈应焊接牢靠，不得漏焊、假焊和焊穿。

检验方法：观察检查。

3）塑料防水板的铺设应平顺，不得有下垂、绷紧和破损现象。

检验方法：观察检查。

4）塑料防水板搭接宽度的允许偏差为 -10mm。

检验方法：尺量检查。

七、金属板防水层

1. 施工质量控制

（1）金属防水板适用于抗渗性能要求较高的地下工程，金属板应铺设在主体结构迎水面。

（2）金属板防水层所采用的金属材料和保护材料应符合设计要求。金属板及其焊接材料的规格、外观质量和主要物理性能，应符合国家现行有关标准的规定。

（3）金属板的拼接及金属板与工程结构的锚固件连接应采用焊接。金属板的拼接焊缝应进行外观检查和无损检验。

（4）金属板表面有锈蚀、麻点或划痕等缺陷时，其深度不得大于该板材厚度的负偏差值。

（5）金属板防水层分项工程检验批的抽样检验数量，应按铺设面积每 $10m^2$ 抽查 1 处，每处 $1m^2$，且不得少于 3 处。焊缝表面缺陷检验应按焊缝的条数抽查 5%，且不得少于 1 条焊缝；每条焊缝检查 1 处，总抽查数不得少于 10 处。

2. 施工质量检查

（1）主控项目。

1）金属板和焊接材料必须符合设计要求。

检验方法：检查产品合格证、产品性能检测报告和材料进场检验报告。

2）焊工应持有有效的执业资格证书。

检验方法：检查焊工执业资格证书和考核日期。

（2）一般项目。

1）金属板表面不得有明显凹面和损伤。

检验方法：观察检查。

2）焊缝不得有裂纹、未熔合、夹渣、焊瘤、咬边、烧穿、弧坑、针状气孔等缺陷。

检验方法：观察检查和使用放大镜、焊缝量规及钢尺检查，必要时采用渗透或磁粉探伤检查。

3）焊缝的焊波应均匀，焊渣和飞溅物应清除干净；保护涂层不得有漏涂、脱皮和反锈现象。

检验方法：观察检查。

八、细部构造

1. 施工缝

（1）主控项目。

1）施工缝用止水带、遇水膨胀止水条或止水胶、水泥基渗透结晶型防水涂料和预埋注浆管必须符合设计要求。

检验方法：检查产品合格证、产品性能检测报告和材料进场检验报告。

2）施工缝防水构造必须符合设计要求。

检验方法：观察检查和检查隐蔽工程验收记录。

（2）一般项目。

1）墙体水平施工缝应留设在高出底板表面不小于300mm的墙体上。拱、板与墙结合的水平施工缝，宜留在拱、板和墙交接处以下150～300mm处；垂直施工缝应避开地下水和裂隙水较多的地段，并宜与变形缝相结合。

检验方法：观察检查和检查隐蔽工程验收记录。

2）在施工缝处继续浇筑混凝土时，已浇筑的混凝土抗压强度不应小于1.2MPa。

检验方法：观察检查和检查隐蔽工程验收记录。

3）水平施工缝浇筑混凝土前，应将其表面浮浆和杂物清除，然后铺设净浆、涂刷混凝土界面处理剂或水泥基渗透结晶型防水涂料，再铺30～50mm厚的1：1水泥砂浆，并及时浇筑混凝土。

检验方法：观察检查和检查隐蔽工程验收记录。

4）垂直施工缝浇筑混凝土前，应将其表面清理干净，再涂刷混凝土界面处理剂或水泥基渗透结晶型防水涂料，并及时浇筑混凝土。

检验方法：观察检查和检查隐蔽工程验收记录。

5）中埋式止水带及外贴式止水带埋设位置应准确，固定应牢靠。

检验方法：观察检查和检查隐蔽工程验收记录。

6）遇水膨胀止水带应具有缓膨胀性能；止水条与施工缝基面应密贴，中间不得有空鼓、脱离等现象；止水条应牢固地安装在缝表面或预埋凹槽内；止水条采用搭接连接时，搭接宽度不得小于30mm。

检验方法：观察检查和检查隐蔽工程验收记录。

7）遇水膨胀止水胶应采用专用注胶器挤出黏结在施工缝表面，并做到连续、均匀、饱满、无气泡和孔洞，挤出宽度及厚度应符合设计要求；止水胶挤出成型后，固化期内应采取临时保护措施；止水胶固化前不得浇筑混凝土。

检验方法：观察检查和检查隐蔽工程验收记录。

8）预埋式注浆管应设置在施工缝断面中部，注浆管与施工缝基面应密贴并固定牢靠，固定间距宜为 200 ～ 300mm；注浆导管与注浆管的连接应牢固、严密，导管埋入混凝土内的部分应与结构钢筋绑扎牢固，导管的末端应临时封堵严密。

检验方法：观察检查和检查隐蔽工程验收记录。

2. 变形缝

（1）主控项目。

1）变形缝用止水带、填缝材料和密封材料必须符合设计要求。

检验方法：检查产品合格证、产品性能检测报告和材料进场检验报告。

2）变形缝防水构造必须符合设计要求。

检验方法：观察检查和检查隐蔽工程验收记录。

3）中埋式止水带埋设位置应准确，其中间空心圆环与变形缝的中心线应重合。

检验方法：观察检查和检查隐蔽工程验收记录。

（2）一般项目。

1）中埋式止水带的接缝应设在边墙较高位置上，不得设在结构转角处；接头宜采用热压焊接，接缝应平整、牢固，不得有裂口和脱胶现象。

检验方法：观察检查和检查隐蔽工程验收记录。

2）中埋式止水带在转角处应做成圆弧形；顶板、底板内止水带应安装成盆状，并宜采用专用钢筋套或扁钢固定。

检验方法：观察检查和检查隐蔽工程验收记录。

3）外贴式止水带在变形缝与施工缝相交部位宜采用十字配件；外贴式止水带在变形缝转角部位宜采用直角配件。止水带埋设位置应准确，固定应牢靠，并与固定止水带的基层密贴，不得出现空鼓、翘边等现象。

检验方法：观察检查和检查隐蔽工程验收记录。

4）安设于结构内侧的可卸式止水带所需配件应一次配齐，转角处应做成 45° 坡角，并增加紧固件的数量。

检验方法：观察检查和检查隐蔽工程验收记录。

5）嵌填密封材料的缝内两侧基面应平整、洁净、干燥，并应涂刷基层处理剂；嵌缝底部应设置背衬材料；密封材料嵌填应严密、连续、饱满，黏结牢固。

检验方法：观察检查和检查隐蔽工程验收记录。

6）变形缝处表面粘贴卷材功涂刷涂料前，应在缝上设置隔离层和加强层。

检验方法：观察检查和检查隐蔽工程验收记录。

3. 后浇带

（1）主控项目。

1）后浇带用遇水膨胀止水条或止水胶、预埋注浆管、外贴式止水带必须符合设计要求。

检验方法：检查产品合格证、产品性能检测报告和材料进场检验报告。

2）补偿收缩混凝土的原材料及配合比必须符合设计要求。

检验方法：检查产品合格证、产品性能检测报告、计量措施和材料进场检验报告。

3）后浇带防水构造必须符合设计要求。

检验方法：观察检查和检查隐蔽工程验收记录。

4）采用掺膨胀剂的补偿收缩混凝土，其抗压强度、抗渗性能和限制膨胀率必须符合设计要求。

检验方法：检查混凝土抗压强度、抗渗性能和水中养护14d后的限制膨胀率检测报告。

（2）一般项目。

1）补偿收缩混凝土浇筑前，后浇带部位和外贴式止水带应采取保护措施。

检验方法：观察检查。

2）后浇带两侧的接缝表面应先清理干净，再涂刷混凝土界面处理剂或水泥基渗透结晶型防水涂料；后浇混凝土的浇筑时间应符合设计要求。

检验方法：观察检查和检查隐蔽工程验收记录。

3）遇水膨胀止水带应具有缓膨胀性能；止水条与施工缝基面应密贴，中间不得有空鼓、脱离等现象；止水条应牢固地安装在缝表面或预埋凹槽内；止水条采用搭接连接时，搭接宽度不得小于30mm。

检验方法：观察检查和检查隐蔽工程验收记录。

4）遇水膨胀止水胶应采用专用注胶器挤出黏结在施工缝表面，并做到连续、均匀、饱满、无气泡和孔洞，挤出宽度及厚度应符合设计要求；止水胶挤出成型后，固化期内应采取临时保护措施；止水胶固化前不得浇筑混凝土。

检验方法：观察检查和检查隐蔽工程验收记录。

5）预埋式注浆管应设置在施工缝断面中部，注浆管与施工缝基面应密贴并固定牢靠，固定间距宜为200～300mm；注浆导管与注浆管的连接应牢固、严密，导管埋入混凝土内的部分应与结构钢筋绑扎牢固，导管的末端应临时封堵严密。

检验方法：观察检查和检查隐蔽工程验收记录。

6）外贴式止水带在变形缝与施工缝相交部位宜采用十字配件；外贴式止水带在变形缝转角部位宜采用直角配件。止水带埋设位置应准确，固定应牢靠，并与固定止水带的基层密贴，不得出现空鼓、翘边等现象。

检验方法：观察检查和检查隐蔽工程验收记录。

7）后浇带混凝土应一次浇筑，不得留施工缝；混凝土浇筑后应及时养护，养护时间不得少于28d。

检验方法：观察检查和检查隐蔽工程验收记录。

4. 穿墙管

（1）主控项目。

1）穿墙管用遇水膨胀止水条和密封材料必须符合设计要求。

检验方法：检查产品合格证、产品性能检测报告和材料进场检验报告。

2）穿墙管防水构造必须符合设计要求。

检验方法：观察检查和检查隐蔽工程验收记录。

（2）一般项目。

1）固定式穿墙管应加焊止水环或环绕遇水膨胀止水圈，并做好防腐处理；穿墙管应在主体结构迎水面预留凹槽，槽内应用密封材料嵌填密实。

检验方法：观察检查和检查隐蔽工程验收记录。

2）套管式穿墙管的套管与止水环及翼环应连续满焊，并做好防腐处理；套管内表面应清理干净，穿墙管与套管之间应用密封材料和橡胶密封圈进行密封处理，并采用法兰盘及螺栓进行固定。

检验方法：观察检查和检查隐蔽工程验收记录。

3）穿墙盒的封口钢板与混凝土结构墙上预埋的角钢应焊平，并从钢板上的预留浇注孔注入改性沥青密封材料或细石混凝土，封填后将浇注孔口用钢板焊接封闭。

检验方法：观察检查和检查隐蔽工程验收记录。

4）当主体结构迎水面有柔性防水层时，防水层与穿墙管连接处应增设加强层。

检验方法：观察检查和检查隐蔽工程验收记录。

5）密封材料嵌填应密实、连续、饱满，黏结牢固。

检验方法：观察检查和检查隐蔽工程验收记录。

5. 埋设件

（1）主控项目。

1）埋设件用密封材料必须符合设计要求。

检验方法：检查产品合格证、产品性能检测报告和材料进场检验报告。

2）埋设件防水构造必须符合设计要求。

检验方法：观察检查和检查隐蔽工程验收记录。

（2）一般项目。

1）埋设件应位置准确，固定牢靠；埋设件应进行防腐处理。

检验方法：观察、尺量和手扳检查。

2）埋设件端部或预留孔、槽底部的混凝土厚度不得少于 250mm；当混凝土厚度小于 250mm 时，应局部加厚或采取其他防水措施。

检验方法：尺量检查和检查隐蔽工程验收记录。

3）结构迎水面的埋设件周围应预留凹槽，凹槽内应用密封材料嵌填密实。

检验方法：观察检查和检查隐蔽工程验收记录。

4）用于固定模板的螺栓必须穿过混凝土结构时，可采用工具式螺栓或螺栓加堵头，螺栓上应加焊止水环。拆模后留下的凹槽应用密封材料封堵密实，并用聚合物水泥砂浆抹平。

检验方法：观察检查和检查隐蔽工程验收记录。

5）预留孔、槽内的防水层应与主体防水层保持连续。

检验方法：观察检查和检查隐蔽工程验收记录。

6）密封材料嵌填应密实、连续、饱满，黏结牢固。

检验方法：观察检查和检查隐蔽工程验收记录。

6. 预留通道接头

（1）主控项目。

1）预留通道接头用中埋式止水带、遇水膨胀止水条或止水胶、预埋注浆管、密封材料和可卸式止水带必须符合设计要求。

检验方法：检查产品合格证、产品性能检测报告和材料进场检验报告。

2）预留通道接头防水构造必须符合设计要求。

检验方法：观察检查和检查隐蔽工程验收记录。

3）中埋式止水带埋设位置应准确，其中间空心圆环与变形缝的中心线应重合。

检验方法：观察检查和检查隐蔽工程验收记录。

（2）一般项目。

1）预留通道先浇筑混凝土结构、中埋式止水带和预埋件应及时保护，预埋件应进行防锈处理。

检验方法：观察检查。

2）遇水膨胀止水带应具有缓膨胀性能；止水条与施工缝基面应密贴，中间不得有空鼓、脱离等现象；止水条应牢固地安装在缝表面或预埋凹槽内；止水条采用搭接连接时，搭接宽度不得小于30mm。

检验方法：观察检查和检查隐蔽工程验收记录。

3）遇水膨胀止水胶应采用专用注胶器挤出黏结在施工缝表面，并做到连续、均匀、饱满、无气泡和孔洞，挤出宽度及厚度应符合设计要求；止水胶挤出成型后，固化期内应采取临时保护措施；止水胶固化前不得浇筑混凝土。

检验方法：观察检查和检查隐蔽工程验收记录。

4）预埋式注浆管应设置在施工缝断面中部，注浆管与施工缝基面应密贴并固定牢靠，固定间距宜为200～300mm；注浆导管与注浆管的连接应牢固、严密，导管埋入混凝土内的部分应与结构钢筋绑扎牢固，导管的末端应临时封堵严密。

检验方法：观察检查和检查隐蔽工程验收记录。

5）密封材料嵌填应密实、连续、饱满，黏结牢固。

检验方法：观察检查和检查隐蔽工程验收记录。

6）用膨胀螺栓固定可卸式止水带时，止水带与紧固件压块以及止水带与基面之间应结合紧密。采用金属膨胀螺栓时，应选用不锈钢材料或进行防腐剂锈处理。

检验方法：观察检查和检查隐蔽工程验收记录。

7）预留通道接头外部应设保护墙。

检验方法：观察检查和检查隐蔽工程验收记录。

九、锚喷支护

1. 施工质量控制

（1）喷射混凝土施工前，应根据围岩裂隙及渗漏水的情况，预先采用引排或注浆堵水。

（2）喷射混凝土所用原材料应符合下列规定：

1）选用普通硅酸盐水泥或硅酸盐水泥；

2）中砂或粗砂的细度模数宜大于2.5，含泥量不应大于3%；干法喷射时，含水率宜为5%～7%。

3）采用卵石或碎石，粒径不应大于15mm；含泥量不应大于1%；使用碱性速凝剂时，不得使用含有活性二氧化硅的石料。

4）不含有害物质的洁净水。

5）速凝剂的初凝时间不应大于5min，终凝时间不应大于10min。

（3）混合料必须计量准确、搅拌均匀，并符合下列规定：

1）水泥与砂石质量比宜为1∶4～1∶4.5，砂率宜为45%～55%，水胶比不得大于0.45，外加剂和外掺料的掺量应通过试验确定。

2）水泥和速凝剂称量允许偏差均为±2%，砂石称量允许偏差均为±3%。

3）混合料在运输和存放过程中严防受潮，存放时间不应超过120min；当掺入速凝剂时，存放时间不应超过20min。

（4）喷射混凝土终凝2h后应采取喷水养护，养护时间不得少于14d；当气温低于5℃时，不得喷水养护。

2. 施工质量控制

（1）主控项目。

1）喷射混凝土所用原材料、混合料配合比以及钢筋网、锚杆、钢拱架等必须符合设计要求。

检验方法：检查产品合格证、产品性能检测报告、计量措施和材料进场检验报告。

2）喷射混凝土抗压强度、抗渗性能和锚杆抗拔力必须符合设计要求。

检验方法：检查混凝土抗压强度、抗渗性能检验报告和锚杆抗拔力检验报告。

3）锚杆支护的渗漏水量必须符合设计要求。

检验方法：观察检查和检查渗漏水检测记录。

（2）一般项目。

1）喷层与围岩以及喷层之间应黏结紧密，不得有空鼓现象。

检验方法：用小锤轻击检查。

2）喷层厚度有60%以上检查点不应小于设计厚度，最小厚度不得小于设计厚度的50%，且平均厚度不得小于设计厚度。

检验方法：用针探法或凿孔法检查。

3）喷射混凝土应密实、平整，无裂缝、脱落、漏喷、露筋。

检验方法：观察检查。

4）喷射混凝土表面平整度 D/L 不得大于 1/6。

检验方法：尺量检查。

十、地下连续墙

1. 施工质量控制

（1）地下连续墙适用于地下工程的主体结构、支护结构以及复合式衬砌的初期支护。

（2）地下连续墙应采用防水混凝土，胶凝材料用量不应小于 400kg/m^3，水胶比不得大于 0.55，坍落度不得小于 180mm。

（3）地下连续墙施工时，混凝土应按每一个单元槽段留置一组抗压强度试件，每五个单元槽段留置一组抗渗试件。

（4）叠合式侧墙的地下连续墙与内衬结构连接处，应凿毛并清洗干净，必要时应做特殊防水处理。

（5）地下连续墙应根据工程要求和施工条件减少槽段数量；地下连续墙槽段接缝应避开拐角部位。

（6）地下连续墙如有裂缝、孔洞、露筋等缺陷，应采用聚合物水泥砂浆修补；地下连续墙槽段接缝如有渗漏，应采用引排或注浆封堵。

（7）地下连续墙分项工程检验批的抽样检验数量，应按地下连续墙 5 个槽段抽查 1 个槽段，且不得少于 3 个槽段。

2. 施工质量检查

（1）主控项目。

1）防水混凝土的原材料、配合比以及坍落度必须符合设计要求。

检验方法：检查产品合格证、产品性能检测报告、计量措施和材料进场检验报告。

2）防水混凝土的抗压强度和抗渗性能必须符合设计要求。

检验方法：检查混凝土抗压强度、抗渗性能检验报告。

3）地下连续墙的渗漏水量必须符合设计要求。

检验方法：观察检查和检查渗漏水检测记录。

（2）一般项目。

1）地下连续墙的槽段接缝构造应符合设计要求。

检验方法：观察检查和检查隐蔽工程验收记录。

2）地下连续墙墙面不得有露筋、露石和夹泥现象。

检验方法：观察检查。

3）地下连续墙墙体表面平整度，临时支护墙体允许偏差为50mm，单一或复合墙体允许偏差应为30mm。

检验方法：尺量检查。

十一、盾构隧道

1. 施工质量控制

（1）钢筋混凝土管片的质量应符合下列规定：

1）管片混凝土抗压强度和抗渗性能以及混凝土氯离子扩散系数均应符合设计要求。

2）管片不应有露筋、孔洞、疏松、夹渣、有害裂缝、缺棱掉角、飞边等缺陷。

3）单块管片制作尺寸允许偏差应符合表4–11的规定。

表4–11　单块管片制作尺寸允许偏差

项目	允许偏差（mm）
宽度	±1.0
弧长、弦长	±1.0
厚度	+3，–1

（2）钢筋混凝土管片抗压和抗渗试件制作应符合下列规定：

1）直径8m以下隧道，同一配合比按每生产10环制作抗压强度试件一组，每生产30环制作抗渗试件一组。

2）直径8m以上隧道，同一配合比按每工作班制作抗压强度试件一组，每生产10环制作抗渗试件一组。

（3）钢筋混凝土管片的单块抗渗检漏应符合下列规定：

1）检验数量：管片每生产100环应抽查一块管片进行检漏测试，连续3次达到检漏标准，则改为每生产200环应抽查一块管片进行检漏测试，再连续3次达到检漏标准，按最终检测频率为 400 环抽查 1 块管片进行检漏测试。如出现一次不达标，则恢复每 100 环抽查 1 块管片的最初检漏频率，再按上述要求进行抽检。当检漏频率为每 100 环抽查 1 块时，如出现不达标，则双倍复检，如再出现不达标，必须逐块检漏。

2）检漏标准：管片外表在 0.8MPa 水压力下，恒压 3h，渗水进入管片外背高度不超过 50mm 为合格。

（4）盾构隧道衬砌的管片密封垫防水应符合下列规定：

1）密封垫沟槽表面应干燥、无灰尘、雨天不得进行密封垫黏结施工。

2）密封垫应与沟槽紧密贴合，不得有起鼓、超长和缺口现象。

3）密封垫粘贴完毕并达到规定强度后，方可进行管片拼装。

4）采用遇水膨胀橡胶密封垫时，非粘贴面应涂刷缓膨胀剂或采取符合缓膨胀的措施。

（5）盾构隧道衬砌的管片嵌缝材料防水应符合下列规定：

1）根据盾构施工方法和隧道的稳定性，确定嵌缝作业开始的时间。

2）嵌缝槽如有缺损，应采用与管片混凝土强度等级相同的聚合物水泥砂浆修补。

3）嵌缝槽表面应坚实、平整、洁净、干燥。

4）嵌缝作业应在无明显渗水后进行。

5）嵌填材料施工时，应先刷涂基层处理剂，嵌填应密实，平整。

（6）盾构隧道衬砌的管片密封剂防水应符合下列规定：

1）接缝管片渗漏时，应采用密封剂堵漏。

2）密封剂注入口应无缺损，注入通道应通畅。

3）密封剂材料注入施工前，应采取控制注入范围的措施。

（7）盾构隧道衬砌的管片螺孔密封圈防水应符合下列规定：

1）螺栓拧紧前，应确保螺栓孔密封圈定位准确，并与螺栓孔沟槽相贴合。

2）螺栓孔渗漏时，应采取封堵措施。

3）不得使用已破损或提前膨胀的密封圈。

（8）盾构隧道分项工程检验批的抽样检验数量，应按每连续 5 环抽查 1 环，且不得少于 3 环。

2. 施工质量检查

（1）主控项目。

1）盾构隧道衬砌所用防水材料必须符合设计要求。

检验方法：检查产品合格证、产品性能检测报告、计量措施和材料进场检验报告。

2）钢筋混凝土管片的抗压强度和抗渗性能必须符合设计要求。

检验方法：检查混凝土抗压强度、抗渗性能检验报告和管片单块检漏测试报告。

3）盾构隧道衬砌的渗漏水量必须符合设计要求。

检验方法：观察检查和检查渗漏水检测记录。

（2）一般项目。

1）管片接缝密封垫及其沟槽的断面尺寸应符合设计要求。

检验方法：观察检查和检查隐蔽工程验收记录。

2）密封垫在沟槽内应套箍和黏结牢固，不得歪斜、扭曲。

检验方法：观察检查。

3）管片嵌缝槽的深度比及断面构造形式、尺寸应符合设计要求。

检验方法：观察检查和检查隐蔽工程验收记录。

4）嵌缝材料嵌填应密实、连续、饱满、表面平整、密贴牢固。

检验方法：观察检查和检查隐蔽工程验收记录。

5）管片的环向及纵向螺栓应全部穿进并拧紧；衬砌内表面的外露铁件防腐处理应符合设计要求。

检验方法：观察检查。

十二、复合衬砌

1. 施工质量控制

（1）地下连续墙与内衬构成复合衬砌进行逆筑法施工尚应符合下列规定：

1）顶板及中楼板下部 500mm 内衬墙应同时浇筑，内衬墙下部应做成斜坡形；斜坡形下部应预留 300～500mm 空间，并应待下部先浇混凝土施工 14d 后再行浇筑。

2）浇筑混凝土前，内衬墙的接缝面应凿毛、清洗干净，并应设置遇水膨胀止水条或止水胶和预埋注浆管。

3）内衬墙的后浇带混凝土应采用补偿收缩混凝土，浇筑口宜高于斜坡顶端 200mm 以上。

（2）地下连续墙为主体结构逆筑法施工应符合下列规定：

1）地下连续墙墙面应凿毛、清洗干净，并宜做水泥砂浆防水层。

2）地下连续墙与顶板、中楼板、底板接缝部位应凿毛处理。

3）钢筋接驳器处宜涂刷水泥基渗透结晶型防水涂料。

（3）内衬墙垂直施工缝应与地下连续墙的槽段接缝相互错开 2.0 ～ 3.0m。

（4）底板混凝土应连续浇筑，不得留设施工缝；底板与桩头接缝部位的防水处理应符合 GB 50208《地下防水工程质量验收规范》第 5.7 节的有关规定。

（5）底板混凝土达到设计强度后方可停止降水，并应将降水井封堵密实。

2. 施工质量检查

（1）主控项目。

1）补偿收缩混凝土的原材料、配合比以及坍落度必须符合设计要求。

检验方法：检查产品合格证、产品性能检测报告、计量措施和材料进场检验报告。

2）内衬墙接缝用遇水膨胀止水条或止水胶和预埋注浆管必须符合设计要求。

检验方法：检查产品合格证、产品性能检测报告和材料进场检验报告。

3）逆筑结构的渗漏水量必须符合设计要求。

检验方法：观察检查和检查渗漏水检测记录。

（2）一般项目。

1）逆筑结构的施工应符合本节复合衬砌施工质量控制第（1）条和第（2）条的规定。

检验方法：观察检查和检查隐蔽工程验收记录。

2）遇水膨胀止水带应具有缓膨胀性能；止水条与施工缝基面应密贴，中间不得有空鼓、脱离等现象；止水条应牢固地安装在缝表面或预埋凹槽内；止水条采用搭接连接时，搭接宽度不得小于 30mm。

检验方法：观察检查和检查隐蔽工程验收记录。

3）遇水膨胀止水胶应采用专用注胶器挤出黏结在施工缝表面，并做到连续、均匀、饱满、无气泡和孔洞，挤出宽度及厚度应符合设计要求；止水胶挤出成型后，固化期内应采取临时保护措施；止水胶固化前不得浇筑混凝土。

检验方法：观察检查和检查隐蔽工程验收记录。

4）预埋式注浆管应设置在施工缝断面中部，注浆管与施工缝基面应密贴并固定牢靠，固定间距宜为 200 ～ 300mm；注浆导管与注浆管的连接应牢固、严密，导管埋入混凝土内的部分应与结构钢筋绑扎牢固，导管的末端应临时封堵严密。

检验方法：观察检查和检查隐蔽工程验收记录。

十三、渗排水、盲沟排水

1. 施工质量控制

（1）渗排水适用于无自流排水条件、防水要求较高且有抗浮要求的地下工程。盲沟排水适用于地基为弱透水性土层、地下水量不大或排水面积较小，地下水位在结构底板以下或在丰水期地下水位高于结构底板的地下工程。

（2）渗排水应符合下列规定：

1）渗排水层用砂、石应洁净，含泥量不应大于2%。

2）粗砂过滤层总厚度宜为300mm，如较厚时应分层铺填；过滤层与基坑土层接触处，应采用厚度为100～150mm、粒径为5～10mm的石子铺填。

3）集水管应设置在粗砂过滤层下部，坡度不宜小于1%，且不得有倒坡现象。集水管之间的距离宜为5～10m，并与集水井相通。

4）工程底板与渗排水层之间应做隔浆层，建筑周围的渗排水层顶面应做散水坡。

（3）盲沟排水应符合下列规定：

1）盲沟成型尺寸和坡度应符合设计要求。

2）盲沟的类型及盲沟与基础的距离应符合设计要求。

3）盲沟用砂、石应洁净，含泥量不应大于2%。

4）盲沟反滤层层次和粒径组成应符合表4-12的规定。

表4-12　　盲沟反滤层的层次和粒径组成

反滤层的层次	建筑物地区地层为砂性土时（塑性指数 $I_p<3$）	建筑物地区地层为黏性土时（塑性指数 $I_p>3$）
第一层（贴自然土）	用1～3mm粒径砂子组成	用2～5mm粒径砂子组成
第二层	用3～10mm粒径小卵石组成	用5～10mm粒径砂子组成

5）盲沟在转弯处和高低处应设置检查井，出水口处应设置滤水篦子。

（4）渗排水、盲沟排水均应在地基工程验收合格后进行施工。

（5）集水管宜采用无砂混凝土管、硬质塑料管或软式透水管。

（6）渗排水、盲沟排水分项工程检验批的抽样检验数量：应按10%抽查，其中按两轴线间或10延米为1处，且不得少于3处。

2. 施工质量检查

（1）主控项目。

1）盲沟反滤层的层次和粒径组成必须符合设计要求。

检验方法：检查砂、石试验报告和隐蔽工程验收记录。

2）集水管的埋置深度及坡度必须符合设计要求。

检验方法：观察和尺量检查。

（2）一般项目。

1）渗排水构造应符合设计要求。

检验方法：观察检查和检查隐蔽工程验收记录。

2）渗排水层的铺设应分层、铺平、拍实。

检验方法：观察检查和检查隐蔽工程验收记录。

3）盲沟排水构造应符合设计要求。

检验方法：观察检查和检查隐蔽工程验收记录。

4）集水管采用平接式或承插式接口应连接牢固，不得扭曲变形和错位。

检验方法：观察检查。

十四、隧道排水、坑道排水

1. 施工质量控制

（1）隧道排水、坑道排水适用于贴壁式、复合式、离壁式衬砌。

（2）隧道或坑道内如设置排水泵房时，主排水泵站和辅助排水泵站、集水池的有效容积应符合设计规定。

（3）主排水泵站、辅助排水泵站和污水泵房的废水及污水，应分别排入城市雨水和污水管道系统。污水的排放尚应符合国家现行有关标准的规定。

（4）坑道排水应符合有关特殊功能设计的要求。

（5）隧道贴壁式、复合式衬砌围岩疏导排水应符合下列规定：

1）集中地下水出露处，宜在衬砌背后设置盲沟、盲管或钻孔等引排措施。

2）水量较大、出水面广时，衬砌背后应设置环向、纵向盲沟组成排水系统，将水集排至排水沟内。

3）当地下水丰富、含水层明显且有补给来源时，可采用辅助坑道或泄水洞等截、排水设施。

（6）盲沟中心宜采用无砂混凝土管或硬质塑料管，其管周围应设置反滤层；盲管应采用软式透水管。

（7）排水明沟的纵向坡度应与隧道或坑道坡度一致，排水明沟应设置盖板和检查井。

（8）隧道离壁式衬砌侧墙外排水沟应做成明沟，其纵向坡度不应小于0.5%。

（9）隧道排水、坑道排水分项工程检验批的抽样检验数量：应按10%抽查，其中按两轴线间或10延米为1处，且不得少于3处。

2. 施工质量检查

（1）主控项目。

1）盲沟反滤层的层次和粒径必须符合设计要求。

检验方法：检查砂、石试验报告。

2）无砂混凝土管、硬质塑料管或软式透水管必须符合设计要求。

检验方法：检查产品合格证和产品性能检测报告。

3）隧道、坑道排水系统必须畅通。

检验方法：观察检查。

（2）一般项目。

1）盲沟、盲管及横向导水管的管径、间距、坡度均应符合设计要求。

检验方法：观察和尺量检查。

2）隧道或坑道内排水明沟及离壁式衬砌外排水沟，其断面尺寸及坡度应符合设计要求。

检验方法：观察和尺量检查。

3）盲管应与岩壁或初期支护密贴，并应固定牢固；环向、纵向盲管接头宜与盲管相配套。

检验方法：观察检查。

4）贴壁式、复合式衬壁的盲沟与混凝土衬砌接触部位应做隔浆层。

检验方法：观察检查和检查隐蔽工程验收记录。

十五、预注浆、后注浆

1. 施工质量控制

（1）预注浆适用于工程开挖前预计涌水量较大的地段或软弱地层；后注浆法适用于工程开挖后处理围岩渗漏及初期壁后空隙回填。

（2）注浆材料应符合下列规定：

1）具有较好的可注性。

2）具有固结收缩小，良好的黏结性、抗渗性、耐久性和化学稳定性。

3）低毒并对环境污染小。

4）注浆工艺简单，施工操作方便，安全可靠。

（3）在砂卵石层中宜采用渗透注浆法；在黏土层中宜采用劈裂注浆法；在淤泥质软土中宜采用高压喷射注浆法。

（4）注浆浆液应符合下列规定：

1）预注浆宜采用水泥浆液、黏土水泥浆液或化学浆液。

2）后注浆宜采用水泥浆液、水泥砂浆或掺有石灰、黏土膨润土、粉煤灰的水泥浆液。

3）注浆浆液配合比应经现场试验确定。

（5）注浆过程控制应符合下列规定：

1）根据工程地质、注浆目的等控制注浆压力和注浆量。

2）回填注浆应在衬砌混凝土达到设计强度的70%后进行，衬砌后围岩注浆应在充填注浆固结体达到设计强度的70%后进行。

3）浆液不得溢出地面和超出有效注浆范围，地面注浆结束后注浆孔应封填密实。

4）注浆范围和建筑物的水平距离很近时，应加强对邻近建筑物和地下埋设物的现场监控。

5）注浆点距离饮用水源或公共水域较近时，注浆施工如有污染应及时采取相应措施。

（6）预注浆、后注浆分项工程检验批的抽样检验数量，应按加固或堵漏面积每100m^2抽查1处，每处10m^2，且不得少于3处。

2. 施工质量检查

（1）主控项目。

1）配制浆液的原材料及配合比必须符合设计要求。

检验方法：检查产品合格证、产品性能检测报告、计量措施和材料进场检验报告。

2）预注浆和后注浆的注浆效果必须符合设计要求。

检验方法：采用钻孔取芯法检查；必要时采取压水或抽水试验方法检查。

（2）一般项目。

1）注浆孔的数量、布置间距、钻孔深度及角度应符合设计要求。

检验方法：尺量检查和检查隐蔽工程验收记录。

2）注浆各阶段的控制压力和注浆量应符合设计要求。

检验方法：观察检查和检查隐蔽工程验收记录。

3）注浆时浆液不得溢出地面和超出有效注浆范围。

检验方法：观察检查。

4）注浆对地面产生的沉降量不得超过 30mm，地面的隆起不得超过 20mm。

检验方法：用水准仪测量。

十六、衬砌裂缝注浆

1. 施工质量控制

（1）衬砌裂缝注浆适用于混凝土结构宽度大于 0.2mm 的静止裂缝、贯穿性裂缝等堵水注浆。

（2）裂缝注浆应待结构基本稳定和混凝土达到设计强度后进行。

（3）结构裂缝堵水注浆宜选用聚氨酯、甲丙烯酸盐等化学浆液；补强加固的结构裂缝注浆宜选用改性环氧树脂、超细水泥等浆液。

（4）裂缝注浆应符合下列规定：

1）施工前，应沿缝清除基面上的油污杂质。

2）浅裂缝应骑缝粘埋注浆嘴，必要时沿缝开凿 U 形槽并用速凝水泥砂浆封缝。

3）深裂缝应骑缝钻孔或斜向钻孔至裂缝深部，孔内安放注浆管或注浆嘴，间距应根据裂缝宽度而定，但每条裂缝至少有一个进浆孔和一个排气孔。

4）注浆嘴及注浆管应设在裂缝的交叉处、较宽处及贯穿处等部位。对封缝的密封效果应进行检查。

5）注浆后待缝内浆液固化后，方可拆下注浆嘴并进行封口抹平。

2. 施工质量检查

（1）主控项目。

1）注浆材料及配合比必须符合设计要求。

检验方法：检查产品合格证、产品性能检测报告、计量措施和材料进场检验报告。

2）结构裂缝注浆的注浆效果必须符合设计要求。

检验方法：观察检查和压水或压气检查，必要时钻取芯样采取劈裂抗拉强度试验方法检查。

（2）一般项目。

1）注浆孔的数量、布置间距、钻孔深度及角度应符合设计要求。

检验方法：尺量检查和检查隐蔽工程验收记录。

2）注浆各阶段的控制压力和注浆量应符合设计要求。

检验方法：观察检查和检查隐蔽工程验收记录。

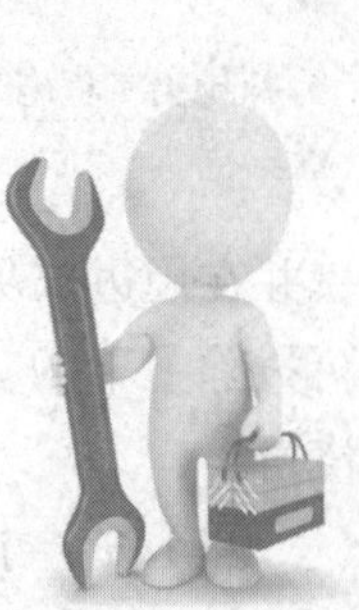

第五章　装饰工程

第一节　门窗安装工程

一、金属门窗安装工程

（一）质量控制要点

1. 钢门窗安装

（1）弹控制线。钢门窗安装前，应在距地面、楼面500mm高的墙面上弹出一条水平控制线；再按门窗的安装标高、尺寸和开启方向，在墙体预留洞口四周弹出门窗落位线。若为双层钢窗，钢窗之间的距离应符合设计规定或生产厂家的产品要求，如设计无具体规定，两窗扇之间的净距应不小于100mm。

（2）立钢门窗、校正。将钢门窗塞入洞口内，用对拔木楔（或称木榫）做临时固定。木楔固定钢门窗的位置，须应设置于框梃端部和门窗四角，否则容易产生变形。此后即用吊线锤、水平尺及对角线尺量等方法，校正门窗框的水平与垂直度，同时调整木楔，使门窗达到横平竖直、高低一致。待同一墙面相邻的门窗就位固定后，再拉水平通线找齐；上下层窗框吊线应找垂直，以做到上下层顺直、左右通平。

（3）门窗固定。在实际工程中，钢门窗框的固定方法多有不同，最常用的一种做法是采用3mm×（12～18）mm×（100～150）mm的扁钢铁脚，其一端与预埋铁件焊牢，或是用水泥砂浆或豆石混凝土埋入墙内，另一端用螺钉与门窗框拧紧。另外，也有用一端带用倒刺形状的圆铁埋入墙内，另一端装有木螺钉，可用圆头螺钉将门窗框旋牢。

另外一种做法是先把门窗以对拔木楔临时固定于洞口内，再用电钻（钻头ϕ5.5mm）通过门窗框上的ϕ7mm孔眼在墙体上钻ϕ5.6～ϕ5.8mm的孔，孔深约为35mm，把预制的ϕ6mm钢钉强行打入孔内挤紧，固定钢门窗后拔除木楔并在周边抹灰，洞口尺寸与钢门窗边距应小于30mm，木楔应先拆两侧的而后再拔除上下的，但在镶砖和灰缝处不能采用此法，不允许应立樘后进行砌筑或浇筑。

（4）安装小五金和附件：

1）安装门窗小五金，宜在装饰完内外墙面后进行。高级建筑应在安装玻璃前将机械螺丝拧在框上，待油漆做完后再安装小五金。

2）安装零附件之前，应检查门窗在洞口内是否牢固，开启是否灵活，关闭是否严密。如有缺陷应立即进行调整，合格后方可安装零附件。

3）五金零件应按照生产厂家提供的装配图经试装鉴定合格后，方可全面进行安装。

4）密封条应在钢门窗的最后一遍涂料干燥后，按型号安装压实。如用直条密封条时，拐角处必须裁成45°角，再黏成直角安装。密封条应比门窗扇的密封槽口尺寸长10～20mm，避免收缩引起局部不密封现象。

5）各类五金零件的转动和滑动配合处应灵活且无卡阻现象。

6）装配螺钉，拧紧后不得松动，埋头螺钉不得高于零件表面。

7）钢门上的灰尘应及时擦拭干净。

（5）安装纱门窗。

1）纱门窗扇如有变形，应校正后方可安装。

2）宽、高大于1400mm的纱扇，应在装纱前，在纱扇中用木条临时支撑，以防窗纱凹陷影响使用。

3）检查压纱条和扇是否配套后，再将纱切成比实际尺寸大50mm。绷纱时先用机械螺丝拧入上下压纱条再装两侧压纱条，切除多余纱头，然后将机械螺丝的纱扣剔平，用钢板锉锉平。

4）金属纱装完后，统一刷油漆。交工前再将纱门窗扇安在钢门窗框上，最后在纱门上安装护纱和拉手。

2. 铝合金门窗安装

（1）预埋件安装。主体结构施工时，门窗洞口和洞口预埋件，应按施工图规定预留、预埋。

（2）弹安装线。按照设计图纸和墙面+50cm水平基准线，在门口洞口墙体和地面上弹出门窗安装位置线。超高层或高层建筑的外窗口，必须用经纬仪从顶层到底层逐层施测边线，再用量尺定中心线。各洞口中心线从顶层到底层偏差不超过 ±5mm。同一楼层水平标高偏差不应大于5mm。周边安装缝应满足装饰要求，一般不应小于 25mm。

（3）门窗就位：

1）安装前后，铝框上的保护膜不要撕除或损坏。

2）框子安装在洞口的安装线上，调整正、侧面水平度，垂直度和对角线合格后，用对拔木楔临时固定。木楔应垫在边、框子能受力的部位，避免框子被挤压变形。

3）组合门窗应先按设计要求进行预拼装，然后按先装通长拼樘料，后装分段拼樘料，最后安装基本门窗框的顺序进行。门窗框横向及竖向组合应采用套插，搭接应形成曲面组合，搭接量一般不少于 10mm，以避免因门窗冷热伸缩和建筑变形引起的门窗之间裂缝。缝隙需要用密封胶条密封。

4）组合门窗拼樘如需加强时，其加强型材应采取防腐措施。连接部位采用镀锌螺钉。

（4）门窗固定：

1）根据窗洞口上弹出的门，窗位置线，应符合设计要求，将门、窗框立于墙的中心线部位或内侧，使门、窗框表面与饰面层相适应。

2）将铝合金门、窗框临时用木楔固定，待检查里面垂直，左右间隙大小、上下位置一致，均符合要求后，再将镀锌锚板固定在门、窗框内。

3）铝合金门、窗框上的锚固板与墙体的固定方法有膨胀螺钉固定法、射钉固定法以及燕尾铁脚固定法等。

4）锚固板是铝合金门、窗框与墙体固定的链接件，锚固板的一端固定在门、窗框的外侧，另一端固定在密实的洞口墙体内。

5）锚固板应固定牢固，不得出现松动现象，锚固板的间距不应大于 500mm。如有条件时，锚固板方向宜在内、外交错布置。

6）大型窗、带型窗的拼接处，如需增设槽钢或角钢加固，则其上、下部要预留埋钢板焊接，预埋件可按每 1000mm 的间距在洞口内均匀设置。

7）铝合金、门窗与洞口的间隙，应采用毡条或矿棉条分层填塞，缝隙表面留 5 ～ 8mm 深的槽口，填钳密封材料。在施工中，注意不得损坏门窗上面的保护膜；如表面沾了水泥砂浆，则应随机擦净，以避免腐蚀铝合金，影响外表美观。

8）严禁在铝合金门、窗框上链接地线以进行焊接工作，当固定铁码与洞口预埋件焊接时，门、窗框上要盖上橡胶石棉布，避免焊接时烧伤门窗。

9）严禁采用安装完毕的门、窗框搭设和捆绑脚手架，避免损坏门，窗框。

10）竣工后，剥去门、窗框上的保护膜，如有油污、脏物，可用醋酸乙酯擦洗（醋酸乙酯系易燃品，操作时应特别注意防火）。

（5）门窗扇安装：

1）铝合金门、窗扇的安装应在室内外装修基本完工后进行。

2）推拉门、窗扇的安配好的门、窗扇分内扇和外扇，先将外扇插入上滑道的外槽内，便自然下落于对应的下滑道的外滑道内，然后再用同样的方法安装内扇。

3）平开门、窗扇的安装应先把合页按规定的位置固定在铝合金门、窗框上，然后将门、窗扇嵌入内作临时固定，调整适宜后，再将门、窗扇固定在合页上，必须保证上、下两个转动部分在同一个轴线上。

4）可调导向轮的安装应在门、窗扇安装调整导向轮，调节门、窗扇在滑道上的高度，并使门、窗扇与边框间平行。

5）地弹簧门扇的安装应先将地弹簧主机埋设在地面上，并浇筑混凝土使其固定，中横档上的顶轴应与主机轴在同一垂线上，主机表面与地面齐平，待混凝土达到设计强度后，调节上门顶轴，再将门扇装上。最后调整门窗间隙及门扇的开启速度。

3. 涂色镀锌钢板门窗安装

（1）带副框的涂色镀锌钢板门窗安装。

1）用自攻螺钉将连接件固定在副框上，然后将副框放进漏口内。用木楔将副框四角临时定位，同时调整副框至横平竖直，与相邻框标高一致，然后每隔500mm一个木楔，将副框支撑牢固。

2）将副框上的连接件与漏口内的预埋件焊接。

3）在副框与门窗外框接触的侧面和顶面贴上密封胶条，将门窗镶入副框内，用自攻螺钉把副框和门窗框连接牢固，扣上孔盖。推拉门窗框扇要调整滑块及滑道，使门窗推拉灵活。

4）外墙与门窗副框缝隙应分层填塞保温材料，外表面应预留5～8mm，用密封膏密封。

5）副框与门窗框拼接处间的缝隙用密封膏密封后，方可剥去保护膜。如门窗上有污垢应及时擦掉。

（2）不带副框的门窗安装。

1）在室内外装饰完成后，按设计规定在洞口内弹好门窗安装线。

2）根据门窗外框上膨胀螺栓的位置，在洞口相应位置的墙体上钻孔。

3）门窗框放入洞口内，对准安装线，调整门窗的水平度、垂直度和对角线合格后，用木楔固定。

4）膨胀螺栓将门窗框固定，扣上孔盖。

5）门窗框与洞口之间的缝隙用密封膏密封。

6）竣工后，剥去保护膜，擦净玻璃及框扇。

（二）质量检验与验收

1. 主控项目

（1）金属门窗的品种、类型、规格、尺寸、性能开启方向、安装位置、链接方式及铝合金门窗的型材壁厚应符合设计要求。金属门窗的防腐处理及填嵌、密封处理应符合设计要求。

检验方法：观察，尺量检查，检查产品合格证书、性能检测报告、进场验收记录和复验报告，检查隐蔽工程验收记录。

（2）金属门窗框和副框的安装必须牢固。预埋件的数量、位置、埋设方式、与框的连接方式必须符合设计要求。

检验方法：手扳检查、检查隐蔽工程验收记录。

（3）金属门窗扇必须安装牢固，并应开关灵活、关闭严密，无倒翘。推拉门窗必须有防脱落措施。

检验方法：观察、开启和善意检查、手扳检查。

（4）金属门窗配件的型号、规格、数量应符合设计要求，安装应牢固，位置应正确，功能应满足使用要求。

检验方法：观察、开启和关闭检查、手扳检查。

2. 一般项目

（1）金属门窗表面应洁净，平整、光滑、色泽一致、无锈蚀。大面应无划痕，碰伤漆膜保护层应连续。

检验方法：观察。

（2）铝合金门窗推拉门窗扇开关力应不大于100N。

检验方法：用弹簧秤检查。

（3）金属门窗框与墙体之间的缝隙应填嵌饱满，并采用密封胶密封。密封胶表面应光滑、顺直、无裂纹。

检验方法：观察、轻敲门窗框检查、检查隐蔽工程验收记录。

（4）金属门窗扇的橡胶密封条或毛毡密封条应安装完好，不得脱槽。

检验方法：观察、开启和关闭检查。

(5)有排水孔的金属门窗，排水应畅通，位置和数量应符合设计要求。

检验方法：观察。

(6)钢门窗安装的留缝限值、允许偏差和检验方法应符合表 5-1 的规定。

表 5-1　钢门窗的留缝限值、允许偏差和检验方法

项目		留缝限值（mm）	允许偏差（mm）	检验方法
门窗槽口宽度，高度	≤ 1500mm	—	2. 5	用钢尺检查
	＞ 1500mm	—	3. 5	
门窗槽口对角线长度差	≤ 2000mm	—	5	用钢尺检查
	＞ 2000mm	—	6	
门窗的正、侧面垂直度		—	3	用 1m 垂直检测尺检查
门窗横框水平度		—	3	用 1m 水平尺和塞尺检查
门窗横框标高		—	5	用钢尺检查
门窗竖向偏离中心		—	4	用钢尺检查
双层门窗内外框间距		—	5	用钢尺检查
门窗框、扇配合间隙		≤ 2	—	用塞尺检查
无下框时门扇与地面间留缝		4 ～ 8	—	用塞尺检查

(7)铝合金门窗安装的允许偏差和检验方法应符合表 5-2 的规定。

表 5-2　铝合金门窗安装的允许偏差和检验方法

项目		允许偏差（mm）	检验方法
门窗槽口宽度、高度	≤ 1500mm	1.5	用钢尺检查
	＞ 1500mm	2	
门窗槽口对角线长度差	≤ 2000mm	3	用钢尺检查
	＞ 2000mm	4	
门窗的正、侧面垂直度		2.5	用垂直检测尺检查
门窗横框的水平度		2	用 1m 水平尺和塞尺检查
门窗横框标高		5	用钢尺检查

续表

项目	允许偏差（mm）	检验方法
门窗竖向偏离中心	5	用钢尺检查
双侧门窗内外框间距	4	用钢尺检查
推拉门扇与框搭接量	1.5	用钢尺检查

（8）涂色镀锌钢板门窗安装的允许偏差和检验方法应符合表 5–3 的规定。

表 5–3　　涂色镀锌钢板门窗安装的允许偏差和检验方法

项目		允许 偏差（mm）	检验方法
门窗槽口宽度、高度	≤ 1500mm	2	用钢尺检查
	＞ 1500mm	3	
门窗槽口对角线长度差	≤ 2000mm	4	用钢尺检查
	＞ 2000mm	5	
门窗框的正、侧面垂直度		3	用垂直检测尺检查
门窗横框的水平度		3	用 1m 水平尺和塞尺检查
门窗横框标高		5	用钢尺检查
门窗竖向偏离中心		5	用钢尺检查
双层门窗内外框间距		4	用钢尺检查
推拉门窗扇与框搭接量		2	用钢直尺检查

二、塑料门窗安装工程

（一）质量控制要点

1. 弹门窗位置线

门窗洞口周边的底槽达到强度后，按施工设计图要求，弹出门窗安装位置线，同时检查洞口内预埋件的数量和位置。如预埋件的数量和位置不符合设计要求或未预埋铁件或未预埋防腐木砖，则应在门窗安装线上弹出膨胀螺栓的钻孔位置。钻孔位置应与框子连接铁件位置相对应。

2. 框子安装连接铁件

框子连接铁件的安装位置是从门窗框宽度和高度两端向内各标出150mm。作为第一个连接件的安装点，中间安装点间距小于或等于600mm，安装方法为先把连接铁件与框子成45°角放入框子背面燕尾槽口内，顺时针方向将连接件扳成直角，然后成孔旋进 $\phi 4 \times 15$mm 自攻螺钉。严禁锤子敲打框子，以防损坏。

3. 立樘子、校正

（1）把门窗放入洞口安装线上就位，用对拔木楔临时固定。校正正、侧面垂直度、水平度和对角线合格后，将木楔固定牢靠。为防止门窗框受木楔挤压变形，木楔应塞在门窗角、中横框、中竖框等能受力的部位。框子固定后，应开启门窗扇，检查反复开关灵活度。若有问题应及时进行调整。

（2）塑料门窗底、顶框连接件与洞口基体固定与边框固定方法相同。

（3）用膨胀螺旋栓固定连接件，一只连接件不宜少于两个螺栓。如洞口是预埋木砖，则用两只木螺钉将连接件紧固于木砖上。

4. 塞缝

塑料门窗与墙体洞口的缝隙，用软质保温材料（如泡沫聚氨酯条、泡沫塑料条、油毡条等）填塞饱满。填塞不得过紧，过紧会使门窗框受压发生变形；也不能填塞过松，过松会使缝隙密封不严，影响门窗防风、防寒功能，最后用密封膏将门窗框四周的外缝隙密封。

5. 安装小五金

塑料门窗安装小五金时，必须先在框架上钻孔，然后用自攻螺钉拧入，严禁直接锤击打入。

6. 安装玻璃

扇、框连在一起的半玻平开门，可在安装后直接装玻璃。对可拆卸的窗扇，如推拉窗扇，可先将玻璃装在扇上，再将扇装的框上。玻璃应由专业玻璃工安装。

7. 清洁

门窗洞口的墙面面层粉刷时，应先在门窗框、扇上贴好防污纸，以防水泥浆污染。局部受水泥浆污染的框扇，应及时用擦布抹拭干净。玻璃安装后，必须及时擦除玻璃上的胶液等污染，直至光洁明亮。

（二）质量检验与验收

1. 主控项目

（1）塑料门窗的品种、类型、规格、尺寸、开启方向、安装位置、连接方式及填嵌密封处理应符合设计要求，内衬增强型钢的壁厚及设置应符合国家现行产品标准的质量要求。

检验方法：观察，尺量检查，检查产品合格证书、性能检测报告、进场验收记录和复验报告、检查隐蔽工程验收记录。

（2）塑料门窗框、副框和扇的安装必须牢固。固定片或膨胀螺栓的数量与位置应正确，连接方式应符合设计要求。固定点应距窗角、中横框，中竖框 150 ～ 200mm，固定点间距应不大于 600mm。

检验方法：观察、手扳检查、检查隐蔽工程验收记录。

（3）塑料门窗拼樘料内增加型钢的规格、壁厚必须符合设计要求、型钢应与型材内腔紧密吻合，其两端必须与洞口固定牢固。窗框必须与拼樘料连接紧密、固定点间距应不大于 600mm。

检验方法：观察、手扳检查、尺量检查、检查进场验收记录。

（4）塑料门窗扇应开关灵活、关闭严密，无倒翘、推拉门窗扇必须有防脱落措施。

检验方法：观察、开启和关闭检查、手扳检查。

（5）塑料门窗配件的型号、规格、数量应符合设计要求，安装应牢固，位置应正确，功能应满足使用要求。

检验方法：观察、手扳检查、尺量检查。

（6）塑料门窗框与墙体间缝隙应采用闭孔弹性材料填嵌饱满，表面应采用密封胶密封。密封胶应黏结牢固，表面应光滑、顺直、无裂纹。

检验方法：观察、检查隐蔽工程验收记录。

2. 一般项目

（1）塑料门窗表面洁净、平整、光滑，大面应无划痕、碰伤。

检验方法：观察。

（2）塑料门窗扇的密封条不得脱槽，旋转窗间隙应基本均匀。

（3）塑料门窗扇的开关力应符合下列规定：

1）平开窗扇平铰链的开关力应不大于 80N，滑撑铰链的开关力应不大于 80N，并不小于 30N。

2）推拉门窗扇的开关力应不大于 100N。

检验方法：观察、用弹簧秤检查。

（4）玻璃密封条与玻璃槽口的接缝应平整，不得卷边，脱槽。

检验方法：观察。

（5）排水孔应通畅，位置和数量应符合设计要求。

检验方法：观察。

（6）塑料门窗安装的允许偏差和检查方法应符合表5–4的规定。

5–4　　塑料门窗安装的允许偏差和检验方法表

项目		允许偏差（mm）	检验方法
门窗槽口宽度、高度	≤ 1500mm	2	用钢尺检查
	＞ 1500mm	3	
门窗槽口对角线长度差	≤ 2000mm	3	用钢尺检查
	＞ 2000mm	5	
门窗框的正、侧面垂直度		3	用1m垂直测尺检查
门窗横框的水平度		3	用1m水平尺和塞尺检查
门窗横框标高		5	用钢尺检查
门窗竖向偏离中心		5	用钢直尺检查
双层门窗内外框间距		4	用钢尺检查
同樘平开门窗相邻扇高度差		2	用钢直尺检查
平开门窗铰链部位配合间隙		+2；–1	用钢尺检查
推拉门窗扇与框搭接量		+3.5；–2.5	用钢直尺检查
推拉门窗扇与竖框平行度		2	用1m水平尺和塞尺检查

三、特种门安装工程

（一）质量控制要点

1. 自动门安装

（1）安装地面导向轨道，全玻璃自动门和铝合金自动门地面上装有导向性下轨道，异型钢管自动门无下轨道，有下轨道的自动门在土建做地坪时，须在地面预埋好1根50～75mm的方木条。自动门安装时，撬出方木条便可埋下轨道，下轨道长度是开启门宽的2倍。

（2）安装横梁。将［18槽钢放置在已预埋铁件的门柱处，校平、吊直，应注意与下面轨道的位置关系，确定位置后焊牢。

自动门上部机箱层主梁是安装中的重要环节，由于机箱内装有电控及机械装置，因此对支撑横梁的土建支撑结构有一定的稳定性及强度要求。

（3）调试。自动门安装后，接通电源，调整控制箱和微波传感器，使其达到最佳技术性能和工作状态。一旦调试正常，就不能随意变动各种旋钮位置，以免失去最佳工作状态。

2. 防火门安装

（1）划线。按设计要求标高、尺寸和方向，画出门框框口位置线。

（2）立门框。先拆掉门框下部的固定板，将门框同木楔临时固定在洞口内，经校正合格后再固定木楔，当门框内高度尺寸比门扇的高度大于 30mm 时，洞口两侧地面应留设凹槽。门框一般埋入地（楼）面标高以下 20mm，要保证框口尺寸一致，允许误差小于 1.5mm，对角线允许误差小于 2m。

将门框铁脚与预埋铁件焊牢，然后在门框两上角墙上开洞，向钢制门框空腔内灌注 M10 水泥素浆，待其凝固后方可装配门扇（水泥素浆浇注后的养护期为 21d）；冬期施工要注意防寒。另外一种做法是将防火门的钢制门框空腔内填充水泥珍珠岩砂浆（养护 48d），砂浆的体积配合比为水泥：砂：珍珠岩 =1：2：5，先干拌均匀后再加入适量清水拌和，其稠度以外观松散、手握成团不散且挤不出浆为宜。

（3）安装门扇附件。采用 1：2 的水泥砂浆或强度不低于 10MPa 的细石混凝土嵌填门框周边缝隙，做到密实牢固，保证与墙体结合严整，经养护凝固后，再粉刷洞口墙面，然后即可安装门扇、五金配件及有关防火防盗装置。门扇关闭后，门缝应均匀平整，开启自由轻便，不得出现过松、过紧和反弹现象。

3. 防盗门安装

（1）定位放线。按设计尺寸，在墙面上弹出门框四周边线。

（2）检查预埋铁件。防盗门门框每边宜设置三个固定点。按门框固定点的位置。在预埋铁板上划出连接点。如没有预埋铁板，应则在门框连接件的相应位置准确量出尺寸。在墙体上定点钻膨胀螺栓孔。ϕ 10mm 或 ϕ 12mm 膨胀螺栓的长度为 100 ～ 150mm。螺栓孔的深度为 75 ～ 120mm。

（3）安装门框。将门框装入门洞，经反复检查校正垂直度、平整度合格后，初步固定，用门框的预埋铁件与连接铁件点焊。另一种做法是将门框上的连接铁件与膨胀螺栓连接点焊，再次调整垂直度，平整度合格后，将焊点焊牢，膨胀螺栓帽紧固。采用焊接时，不得在门框上接地打火，还应用石棉布遮住门框，以防门框损坏。框与墙周边缝隙，用罐装聚氨酯泡沫剂压注。

（4）安装门窗。防盗门的接缝缝隙比较精细，又不允许用锤敲打门框、扇，因此，应严格控制门框的垂直、平整度。安装门扇时还应仔细校核。门扇就位后，按设计规定的开启方向安装隐形轴承铰链（合页）。若门框不平门扇，可在铁门框背面靠近螺栓位置加木楔试垫，直至门框与门扇垫平为止。最后，反复开启，无碰撞且活动自如为合格。

4. 全玻门安装

（1）安装玻璃板。首先用玻璃吸盘将玻璃板吸紧，然后进行玻璃就位。应先将玻璃板上边插入门框顶部的限位槽内，然后将其下边安放于木底托的不锈钢包面对口缝内。

在底托上固定玻璃板的方法为：在底托木方上钉木板条，距玻璃板面 4mm 左右；然后在木板条上涂刷胶黏剂，将饰面不锈钢板片粘贴在木方上。

（2）注胶封口。玻璃门固定部分的玻璃板就位以后，即在底部的底托固定处和顶部的限位槽处，以及玻璃板与框柱的对缝等各缝隙处，均应注胶密封。首先将玻璃胶开封后装入打胶腔内，即用胶枪的后压杆端头板顶住玻璃胶罐的底部；然后用一只手拖住胶枪身，另一只手握着注胶压柄并不断送压循环地操作压柄，将玻璃胶注于需要封口的缝隙端。从需要注胶的缝隙端头开始，顺缝隙匀速移动，使玻璃胶在缝隙处形成一条均匀的直线。最后用塑料片刮去多余的玻璃胶，用棉布擦净胶迹。

（3）玻璃板之间的对接。门上固定部分的玻璃板需要对接时，其对接缝应有 2 ～ 3mm 的宽度，玻璃板边部要进行倒角处理。当玻璃块留缝定位并安装稳固后，即将玻璃胶注入其对接的缝隙，在玻璃板对缝的两面用塑料片把胶刮平，用布擦净胶迹。

（4）玻璃活动门扇安装。全玻璃活动门扇的结构无门扇框，门扇的启闭由地弹簧实现。地弹簧与门扇的上、下金属横档进行铰接。

5. 卷帘门安装

（1）定位放线，测量洞口标高，弹出量导轨垂线和卷轴中心线。

（2）墙体内的预埋件：

1）当墙体洞口为混凝土时，应在洞口内埋设预埋件，然后与轴承架、导轨焊接连接。

2）当墙体洞口为砖砌体时，可采用钻孔埋设胀锚螺栓与轴承架、导轨连接。

（3）安装卷筒。安装卷筒时，应先找好尺寸，并使卷筒轴保持水平，注意与导轨之间的距离两端应保持一致。卷筒临时固定后进行检查，并进行必要的调整、校正，合格后再与支架预埋件用电焊焊牢。卷筒安装后应转动灵活。

（4）安装卷轴防护罩。卷筒上的防护罩可做成方形或半圆形。防护罩的尺寸大小，应与门窗的宽度和门窗页片卷起后的尺寸相适应，保证卷筒将门窗的页片卷满后与防护罩依然保持一定的距离，防止相互碰撞。经检查无误后，再与防护罩预埋件焊牢。

（5）安装卷门机。按说明书检查卷门机的规格、型号，无误后按说明书的要求进行安装。

（6）安装门体。先将页片装配好，再安装在卷轴上，注意不要装反。

（7）安装导轨。应先按图纸规定进行找直、吊正轨道，槽口尺寸应准确，上下保证一致，对应槽口应在同一垂直平面内，然后用连接件与洞口内的预埋件焊牢。导轨与轴承架安装应牢固，导轨预埋件间距不应大于600mm。

（8）安装锁具，锁具的安装位置有两种，轻型卷门窗的锁具应安装在座板上，卷门的锁具也可安装在距地面约1m处。

（9）安装水幕喷淋系统，水幕喷淋系统应装在防护罩下面，喷嘴倾斜15°，安装后，应试用。

（10）调试，安装完毕，先手动调试行程，观察门体上下运行情况，正常后再用电动机启闭数次，调整至无阻滞、卡住及异常噪声等现象为合格。

（二）质量检验与验收

1. 主控项目

（1）特种门的质量和各项性能应符合设计要求。

检验方法：检查生产许可证、产品合格证书和性能检测报告。

（2）特种门的品种、类型、规则、尺寸、开启方向、安装位置及防腐处理应符合设计要求。

检验方法：观察、尺量检查、检查进场验收记录和隐蔽工程验收记录。

（3）带有机械装置、自动装置或智能化装置的特种门，其机械装置、自动装置或智能化装置的功能应符合设计要求和有关标准的规定。

检验方法：启动机械装置、自动装置或智能化装置，观察。

（4）特种门的安装必须牢固，预埋件的数量、位置、埋设方式，与框的连接方式必须符合设计要求。

检验方法：观察、手扳检查、检查隐蔽工程验收记录。

（5）特种门的配件应齐全，位置应正确，安装应牢固，功能应满足使用要求和特种门的各项性能要求。

检验方法：观察，手扳检查，检查产品合格证书、性能检测报告和进场验收记录。

2. 一般项目

（1）特种门的表面装饰应符合设计要求。

检验方法：观察。

（2）特种门的表面应洁净，无划痕、碰伤。

检验方法：观察。

（3）推拉自动门安装的留缝限值、允许偏差和检验方法应符合表5–5的规定。

表5–5　推拉自动门安装的留缝限值、允许偏差和检验方法

项目		留缝限值（mm）	允许偏差（mm）	检查方法
门窗槽口宽度高度	≤ 1500mm	—	1.5	用钢尺检查
	＞ 1500mm	—	2	
门窗槽口对角线长度差	≤ 2000mm	—	2	用钢尺检查
	＞ 2000mm	—	2.5	
门框的正、侧面垂直度		—	1	用1m垂直检测尺检查
门构件装配间隙		—	0.3	用塞尺检查
门量导轨水平度		—	1	用1m水平尺检查
下导轨与门量导轨平行度		—	1.5	用钢尺检查
门扇与侧框间留缝		1.2～1.8	—	用塞尺检查
门扇对口缝		1.2～1.8	—	用塞尺检查

（4）推拉自动门的感应时间限值和检验方法应符合表5–6的规定。

表5–6　推拉自动门的感应时间限值和检验方法

项目	感应时间限值（s）	检验方法
开门响应时间	≤ 0.5	用秒表检查
堵门保护延时	16～20	用秒表检查
门扇全开启后保持时间	13～17	用秒表检查

（5）旋转门安装的允许偏差和检验方法应符合表 5-7 的规定。

表 5-7 旋转门安装的允许偏差和检验方法

项目	允许偏差（mm）		检验方法
	金属框架玻璃旋转门	木质旋转门	
门扇正、侧面垂直度	1.5	1.5	用 1m 垂直检测尺检查
门扇对角线长度差	1.5	1.5	用钢尺检查
相邻扇高度差	1	1	用钢尺检查
扇与圆弧边留缝	1.5	2	用塞尺检查
扇与上顶间留缝	2	2.5	用塞尺检查
扇与地面间留缝	2	2.5	用塞尺检查

四、门窗玻璃安装工程

（一）质量控制要点

1. 安装尺寸要求

不同厚度的单片玻璃、夹层玻璃，其最小安装尺寸应符合表 5-8 的规定；中空玻璃的最小安装尺寸应符合表 5-9 的规定。

表 5-8 单片玻璃、夹层玻璃的最小安装尺寸 mm

玻璃公称厚度	前部余隙或后部余隙 a			嵌入深度 b	边缘余隙 c
	①	②	③		
3	2.0	2.5	2.5	8	3
4	2.0	2.5	2.5	8	3
5	2.0	2.5	2.5	8	4
6	2.0	2.5	2.5	8	4
8	—	3.0	3.0	10	5
10	—	3.0	3.0	10	5
12	—	3.0	3.0	12	5
15	—	5.0	4.0	12	8

续表

玻璃公称厚度	前部余隙或后部余隙 a			嵌入深度 b	边缘余隙 c
	①	②	③		
19	—	5.0	4.0	15	10
25	—	5.0	4.0	18	10

注 1. 表中①适用于建筑钢、木门窗油灰的安装，但不适用于安装夹层玻璃。
2. 表中②适用于塑性填料、密封剂或嵌缝条材料的安装。
3. 表中③适用于预成型的弹性材料（如聚氯乙烯或氯丁橡胶制成的密封垫）的安装。油灰适用于公称厚度不大于 6mm，面积不大于 $2m^2$ 的玻璃。
4. 夹层玻璃最小安装尺寸，应按原片玻璃公称厚度的总和，在表中读取。

表 5–9 中空玻璃的最小安装尺寸 mm

<table>
<tr><th rowspan="3">中空玻璃</th><th colspan="5">固定部分</th></tr>
<tr><th rowspan="2">前部余隙或后部余隙 a</th><th rowspan="2">嵌入深度 b</th><th colspan="3">边缘余隙 c</th></tr>
<tr><th>下边</th><th>上边</th><th>两侧</th></tr>
<tr><td>3+A+3</td><td rowspan="4">5</td><td>12</td><td rowspan="4">7</td><td rowspan="4">6</td><td rowspan="4">5</td></tr>
<tr><td>4+A+4</td><td>13</td></tr>
<tr><td>5+A+5</td><td>14</td></tr>
<tr><td>6+A+6</td><td>15</td></tr>
</table>

注 A=6、9、12mm，为空气层厚度。

2. 木门窗玻璃安装

（1）分散玻璃。根据安装部位所需的规格、数量分散已裁好的玻璃，分散数量以当天安装数量为准。将玻璃放在安装地点，但不得靠近门窗开合摆动的范围之内，避免损坏。

（2）清理裁口。玻璃安装前，必须将门窗的裁口（玻璃槽）清扫干净。清除灰渣、木屑、胶渍与尘土等，使油灰与槽口黏结牢固。

（3）涂抹底油灰。在玻璃底面与裁口之间，沿裁口的全长涂抹 1 ～ 3mm 厚的底灰，要达到均匀饱满而不间断，随后用双手把玻璃推铺平正，轻按压实并使部分油灰挤出槽口，待油灰初凝有一定强度时，顺槽口方向把多余的底油灰刮平，遗留的灰渣应清除干净。

（4）嵌钉固定。在玻璃四边分别钉上钉子，钉圆钉时钉帽要靠紧玻璃，但钉身不得靠玻璃，否则钉身容易把玻璃挤碎。所用圆钉的数量每边不少于1颗，若边长超过40cm，则每边需钉两颗，钉距不宜大于20cm。嵌钉完毕，用手轻敲玻璃，听声音鉴别是否平直，如底灰不饱满应立即重新安装。

（5）涂抹表面油灰。涂抹表面应选用无杂质、软硬适宜的油灰。

3. 钢门窗玻璃安装

（1）操作准备。首先检查门窗扇是否平整，如发现扭曲变形应立即校正；检查铁片卡子的孔眼是否准确齐全，如有不符合要求的应补钻。钢门窗安装玻璃使用的油灰应加适量的红丹，以使油灰具有防锈性能，再加适量的铅油，以增加油灰的硬度和黏性。

（2）清理槽口。清除槽口的焊渣、铁屑、污垢和灰尘，以使安装时油灰黏结牢固。

（3）涂底油灰。在槽口内涂抹底灰，油灰厚度宜为3mm，最厚不宜超过4mm，做到均匀一致，不堆积、不间断。

（4）装玻璃。用双手将玻璃揉平放正，不留偏差并将油灰挤出。将油灰与槽口、玻璃接触的边缘刮平、刮齐。

（5）安卡子。应用铁片卡子固定，卡子间距不应大于300mm，且每边不少于2个。卡脚应长短适宜，不能过长，用油灰填实抹光后，卡脚不得露于油灰表面。

如采用橡胶垫安装钢门窗玻璃，应将橡胶垫嵌入裁口内，并用螺钉和压条固定。将橡胶垫与玻璃、裁口、压条贴紧，大小尺寸适宜，不应露在压条之处。

4. 彩色镀锌钢板门窗框扇玻璃安装

彩色镀锌钢板门窗框扇玻璃安装时，应在抹灰等湿作业完成后进行，注意不宜在寒冷条件下操作。

（1）操作准备。玻璃裁割后边缘平直，不得有斜曲，尺寸大小准确，使其边缘于槽口的间隙符合设计要求。安装玻璃前，清除框扇槽口内的杂物、灰尘等，疏通排水孔。

（2）安装玻璃。玻璃的朝向应按设计要求安装，玻璃应放在定位垫块上。开扇和玻璃面积比较大时，应在垂直边位置上设置隔片，上端的隔片应固定在框或扇上（楔或粘住）。固定框、扇的玻璃应放在两块相同的定位垫块上，搁置点设在距离玻璃垂直边的距离为玻璃宽度的1/4处，定位垫块的宽度应大于所支撑的玻璃厚度，长度不宜小于25mm，并应符合设计要求。定位垫块下面可设铝合金垫片，垫片和垫块均固定在框扇上，不得采用木质的垫片、垫块和隔片。玻璃嵌入槽口内，填塞填充材料、镶嵌条，使玻璃平整、受力均匀并不得翘曲。迎风面的玻璃，应采用通长镶嵌压条或垫片固定；当镶嵌压条位于室外一侧时，应做防风处理。镶嵌压条应与玻璃、槽口紧贴。后安的镶嵌压条，在其转角处宜用少量密封胶封缝，应注意填充密实，表面平整光滑；密封胶污染框扇或玻璃时，应及时擦净。

（二）质量检验与验收

1. 主控项目

（1）玻璃的品种、规格、尺寸、色彩、图案和涂膜朝向应符合设计要求。单块玻璃大于1.5m^2时应使用安全玻璃。

检验方法：观察、检查产品合格证书、性能检测报告和进场验收记录。

（2）门窗玻璃裁割尺寸应正确。安装后的玻璃应牢固，不得有裂纹、损伤和松动。

检验方法：观察、轻敲检查。

（3）玻璃的安装方法应符合设计要求。固定玻璃的钉子或钢丝卡的数量、规格应保证玻璃安装牢固。

检验方法：观察、检查施工记录。

（4）镶钉木压条接触玻璃处，应与裁口边缘平齐。木压条应互相紧密连接，并与裁口边缘紧贴，割角应整齐。

检验方法：观察。

（5）密封条于玻璃、玻璃槽口的接触应紧密、平整。密封胶与玻璃、玻璃槽口的边缘应黏结牢固、接缝平齐。

检验方法：观察。

（6）带密封条的玻璃压条，其密封条封条必须与玻璃全部贴紧，压条与型材之间应无明显缝隙，压条接缝应不大于0.5mm。

检验方法：观察、尺量检查。

2. 一般项目

（1）玻璃表面应洁净，不得有腻子、密封胶、涂料等污渍。中空玻璃内外表面均应洁净，玻璃中空层内不得有灰尘和水蒸气。

检验方法：观察。

（2）门窗玻璃不应直接接触型材。单面镀膜玻璃的镀膜层及磨砂玻璃的磨砂面应朝向室内，中空玻璃的单面镀膜玻璃应在最外层，镀膜层应朝向室内。

检验方法：观察。

（3）腻子应填抹饱满、黏结牢固，腻子边缘与裁口应平齐。固定玻璃的卡子不应在腻子表面显露。

检验方法：观察。

第二节　地面与楼面工程

楼地面工程中地面构造一般为面层、垫层和基层（素土夯实）；楼层地面构造一般为面层、填充层和楼板。当地面和楼层地面的基本构造不能满足使用或构造要求时，可增设结合层、隔离层、填充层、找平层等其他构造层次。

地面垫层材料常用的有混凝土、砂、炉渣、碎（卵）石等。结合层材料常用的有水泥砂浆、干硬性水泥砂浆、黏结剂等。填充层材料有水泥炉渣、加气混凝土块、水泥膨胀珍珠岩块等。找平层常用水泥砂浆和混凝土。隔离层材料有防水涂膜、热沥青、油毡等。面层材料常用的有混凝土、水泥砂浆、现浇（预制）水磨石、天然石材（大理石、花岗岩等）、陶瓷锦砖、地砖、木质板材、塑料、橡胶、地毯等。

一、普通楼地面

（一）质量控制要点

（1）建筑地面工程施工顺序正确，避免上层与下层因施工质量缺陷而造成的返工。

（2）具有较大振动或变形的设备基础与周围建筑地面的邻接处，沿设备基础周围设置贯通建筑地面各构造层的沉降缝（防震缝）。建筑地面的变形缝施工除应符合设计要求外，还应符合下列要求：

1）建筑地面的沉降缝、伸缩缝和防震缝，与结构相应的缝的位置一致，且应贯通建筑地面的各构造层。

2）沉降缝和防震缝的宽度符合设计要求，缝内清理干净，以柔性密封材料填嵌后用板封盖，并与面层齐平。水泥混凝土散水、明沟，应设置伸缩缝，其延米间距不大于10m，房屋转角处做45° 缝，水泥混凝土散水、明沟和台阶等与建筑物连接处设缝处理，上述缝宽度为15～20mm，缝内填嵌柔性密封材料。

（3）建筑地面的镶边应满足下列规定：

1）有强烈机械作用下的水泥类整体面层与其他类型的面层邻接处，应设置金属镶边构件。

2）采用水磨石整体面层时，用同类材料以分隔条设置镶边。

3）条石面层和砖面层与其他面层邻接处，用顶铺的同类材料镶边。

4）采用木竹面层和塑料面层时，用同类材料镶边。

5）地面面层与管沟、孔洞、检查井等邻接处，均设置镶边。

6）管沟、变形缝等处的建筑地面面层的镶边构件，在面层铺设前装设。

（4）建筑地面各层环境温度控制应满足下列规定：

1）采用掺有水泥、石灰的拌和料铺设以及用石油沥青胶结料铺设时，不低于5℃。

2）采用有机胶结剂粘贴时，不低于10℃。

3）采用砂、石材料铺设时，不低于0℃。

4）采用自流平、涂料铺设时，不低于5℃也不高于30℃。

（5）室外散水、明沟、踏步、台阶和坡道等附属工程，其面层和基层（各构造层）均符合设计要求。

（二）质量检验与验收

1. 主控项目

（1）基层土质应符合设计要求和现行有关标准的规定，严禁用淤泥、腐殖土、冻土、耕植土膨胀土和有机物质含量大于8%的土作为填土；灰土中熟化石灰颗粒粒径不得大于5mm；黏土内不得含有有机物质，颗粒粒径不得大于15mm。

检验方法：观察和检查土质记录。

（2）找平层。

1）水泥：按同一生产厂家、同一等级、同一品种、同一批号且连续进场的水泥，袋装不超过200t为一批，散装不超过500t为一批，每批抽样至少一次。

2）砂子、石子、外加剂：按进场的批次和产品的抽样检验方案确定。

3）水泥混凝土和水泥砂浆强度试块的组数：每一层（或检验批）建筑地面工程不应少于1组。当每一层（或检验批）建筑地面工程面积大于1000m^{2}时，每增加1000m^{2}应增做1组试块；小于1000m^{2}按1000m^{2}计算，当改变配合比时，也应相应地制作试块。

（3）隔离层：厕浴间和有防水要求的建筑地面必须设置防水隔离层。楼层结构必须采用现浇混凝土或整块预制混凝土板，混凝土强度等级不应小于C20，楼板四周除门洞外，应做混凝土翻边，其高度不应小于200mm，宽度同墙厚，混凝土强度等级不应小于C20。施工时结构层标高和预留孔（洞）位置应准确，严禁乱凿洞。

检验方法：观察和钢尺检查。

（4）面层材料须符合设计要求和现行有关标准的规定，块材面层和木地板面层的材料按进场的批次和产品的抽样检验方案确定。其中不发火（防爆的）面层采用的碎石应选用大理石、白云石或其他石料加工而成，并以金属或石料撞击时不发生火花为合格；砂应质地坚硬、表面粗糙，其粒径宜为0.15～5mm，含泥量不应大于3%，有机物含量不应大于0.5%；水泥应采用普通硅酸盐水泥，其强度等级不应小于32.5；面层分格的嵌条应采用不发生火花的材料配制。配置时应随时检查，不得混入金属或其他易发生火花的杂质。

检验方法：观察检查和检查材质合格证明文件及检测报告。

2. 一般项目

（1）基层。

1）表面平整度不大于15mm。

检验方法：2m靠尺和楔形塞尺检查。

2）标高偏差 –50～0mm。

检验方法：水准仪检查。

3）坡度偏差：不大于房间相应尺寸的2/1000，且不大于30mm。

检验方法：坡度尺检查。

4）厚度偏差：在个别地方不大于设计厚度的1/10，且不大于20mm。

检验方法：钢尺检查。

（2）找平层。

1）找平层与下一层结合牢固，不得有空鼓。

检验方法：小锤轻击检查。

2）找平层表面质量应密实，不得有起砂、蜂窝和裂缝等缺陷。

检验方法：观察检查。

3）表面平整度不大于5mm。

检验方法：靠尺和楔形塞尺检查。

4）标高偏差 ±8mm。

检验方法：水准仪检查。

5）坡度偏差：不大于房间相应尺寸的2/1000，且不大于30mm。

检验方法：坡度尺检查。

6）厚度偏差：在个别地方不大于设计厚度的1/10，且不大于20mm。

检验方法：钢尺检查。

（3）隔离层。

1）隔离层厚度应符合设计要求。

检验方法：观察检查和用钢尺检查。

2）隔离层与其下一层黏结牢固，不得有空鼓。

检验方法：小锤轻击检查。

3）防水涂层应平整均匀，无脱皮、起壳、裂缝、鼓泡等缺陷。

检验方法：观察检查。

4）表面平整度不大于3mm。

检验方法：靠尺和楔形塞尺检查。

5）坡度偏差：不大于房间相应尺寸的2/1000，且不大于30mm。

检验方法：坡度尺检查。

6）厚度偏差：在个别地方不大于设计厚度的1/10，且不大于20mm。

检验方法：钢尺检查。

（4）面层。

1）施工配合比应符合现行有关标准的规定，首次使用的混凝土配合比应进行开盘鉴定。

检验方法：检查开盘鉴定资料和试件强度试验报告。

2）伸缩缝的位置应符合设计和施工方案的要求，伸缩缝的处理应按技术方案执行。

检验方法：观察、检查施工记录。

3）养护应符合施工技术方案和现行有关标准的规定。

检验方法：观察、检查施工记录。

4）表面质量不应有裂纹、脱皮、麻面、起砂等缺陷。

检验方法：观察检查。

5）坡度应符合设计要求，不得有倒泛水和积水现象。

检验方法：观察和采用泼水或用坡度尺检查。

6）踢脚线质量：水泥砂浆踢脚线与墙面应紧密结合，高度一致，出墙厚度均匀（局部空鼓长度不大于300mm，且每间不多于2处可不计）。

检验方法：小锤轻击、钢尺和观察检查。

7）楼梯踏步和台阶宽度、高度应符合设计要求、相邻踏步高度和宽度差不应大于10mm，每踏步两端宽度差不应大于10mm，齿角应整齐，防滑条应顺直。

检验方法：观察检查和钢尺检查。

8）表面平整度不大于5mm。

检验方法：2m靠尺和楔形塞尺检查。

9）踢脚线上口平直度不大于4mm。

检验方法：拉5m线和钢尺检查。

10）缝格平直偏差不大于3mm。

检验方法：拉5m线和钢尺检查。

二、特殊地面

（1）有种植要求的建筑地面，其构造做法符合设计要求和JGJ 155《种植屋面工程技术规程》的有关规定。设计无要求时，种植地面应低于相邻建筑地面50mm以上或做槛台处理。

（2）防油渗涂料面层与基层黏结牢固，无起皮、开裂、漏涂等缺陷。防油渗混凝土的强度等级和抗渗性能符合设计要求，且强度等级不小于C30；防油渗涂料抗拉黏结强度不小于0.3MPa。

（3）不发火地面的面层应与下一层结合牢固，无空鼓、无裂纹。空鼓面积不大于400cm^2，且每自然间（标准间）不多于两处可不计。不发火（防爆的）面层中碎石的不发火性合格；砂应质地坚硬、表面粗糙，其粒径为0.15～5mm，含泥量不大于3%，有机物含量不大于0.5%；水泥采用硅酸盐水泥、普通硅酸盐水泥；面层分格的嵌条采用不发生火花的材料配制。配制时随时检查，不得混入金属或其他易发生火花的杂质。

（4）有防水要求的建筑地面工程，铺设前对立管、套管和地漏与楼板节点之间进行密封处理并进行隐蔽验收；排水坡度符合设计要求，以免出现渗漏和积水等缺陷。

（5）厕浴间和有防水要求的建筑地面设置防水隔离层。楼层结构采用现浇混凝土或整块预制混凝土板，混凝土强度等级不小于C20；房间的楼板四周除门洞外做混凝土翻边，其高度不小于200mm，宽同墙厚，混凝土强度等级不小于C20。施工时结构层标高和预留孔洞位置准确，严禁乱凿洞。防水隔离层严禁渗漏，排水的坡向正确、排水通畅。

（6）厕浴间、厨房和有排水（或其他液体）要求的建筑地面面层与相连接各类面层的标高差符合设计要求，以防止有排水的建筑地面面层水倒泄入相邻面层，影响正常使用。

第三节　吊顶的安装

一、施工工艺

施工工艺流程：弹顶棚标高水平线→画龙骨分档线→安装管线设施→安装大龙骨→安装小龙骨→防火处理→安装罩面板→安装压条。

1. 木质吊顶施工工艺

（1）施工准备。包括弹标高水平线，画龙骨分档线、顶棚内管线设施安装，安装完毕后需做打压试验和隐蔽验收等。

（2）龙骨安装。包括主龙骨和小龙骨的安装。一般来说，大龙骨固定应按设计标高起拱；设计无要求时，起拱一般为房间跨度的 1/300 ～ 1/200。

（3）安装罩面板。木骨架底面安装顶棚罩面板，一般采用固定方式，常用方法有圆钉钉固法、木螺钉拧固法和胶结黏固法三种。

（4）安装压条。待一间罩面板全部安装后，先进行压条位置弹线，按线进行压条安装，其固定方法一般与罩面板相同，顶固间距为 300mm，也可采用胶结料黏结。

2. 轻金属龙骨吊顶施工工艺

轻金属龙骨按材料可分为轻钢龙骨和铝合金龙骨。此处仅介绍轻钢龙骨装配式吊顶施工，轻钢吊顶龙骨有 U 形和 T 形两种。

（1）施工准备。包括弹顶棚标高水平线，画龙骨分档线；安装主龙骨吊杆。

（2）龙骨安装。

1）主龙骨安装。将组装好吊挂件的主龙骨，按分档线位置使吊挂件穿入相应的吊杆，拧紧螺母，主龙骨相接处装好连接件，拉线调整标高，起拱和平直，采用射钉，钉固边龙骨，设计无要求时，射钉间距为 1000mm。

2）安装次龙骨。按已弹好的次龙骨分档线，卡放次龙骨吊挂件，按设计规定的次龙骨间距，将次龙骨通过吊挂件吊挂在大龙骨上，设计无要求时，一般间距为 500 ～ 600mm。

（3）安装罩面板。罩面板与轻钢骨架固定的方法包括罩面板自攻螺钉钉固法，罩面板胶结黏固法和罩面板托卡固定法三种。

（4）安装压条与防锈。罩面板顶棚若设计要求有压条，则应按照拉缝均匀、对缝平整的原则进行压条安装，并采用自攻螺钉固定，螺钉间距为300mm，也可用胶结料粘贴。

二、质量检验与验收

（一）暗龙骨吊顶工程

1. 主控项目

（1）吊顶标高、尺寸、起拱和造型应符合设计要求。

检验方法：观察、尺量检查。

（2）饰面材料的材质、品种、规格、图案和颜色应符合设计要求。

检验方法：观察，检查产品合格证书、性能检测报告、进场验收记录和复验报告。

（3）暗龙骨吊顶工程的吊杆、龙骨和饰面材料的安装必须牢固。

检验方法：观察、手扳检查、检查隐蔽工程验收记录和施工记录。

（4）吊杆、龙骨的材质、规格、安装间距及连接方式应符合设计要求，金属吊杆、金属龙骨经过表面防腐处理，木吊杆、木龙骨应进行防腐、防火处理。

检验方法：观察，尺量检查，检查产品合格证书、性能检测报告、进场验收记录和隐蔽工程验收记录。

（5）石膏板的接缝应按其施工工艺标准进行板缝防裂处理，安装双层石膏板时，面层板与基层板的接缝应错开，并不得在同一根龙骨上接缝。

检验方法：观察。

2. 一般项目

（1）饰面材料表面应洁净、色泽一致，不得有翘曲、裂缝及缺损、压条应平直，宽窄一致。

检验方法：观察、尺量检查。

（2）饰面板上的灯具、烟感器、喷淋头、风口篦子等设备的位置应合理、美观，与饰面板的交接应吻合，严密。

检验方法：观察。

（3）金属吊杆、金属龙骨的接缝应均匀一致，角缝应吻合，表面应平整，无翘曲，无锤印，木质吊杆、木龙骨应顺直、无劈裂、变形。

检验方法：检查隐蔽工程验收记录和施工记录。

(4)吊顶内填充吸声材料的品种和铺设厚度应符合设计要求，并应有防散落措施。

检验方法：检查隐蔽工程验收记录和施工记录。

(5)暗龙骨吊顶工程安装的允许偏差和检验方法应符合表5-10的规定。

表5-10　暗龙骨吊顶工程安装的允许偏差和检验方法

项目	允许偏差（mm）				检验方法
	纸面石膏板	金属板	矿棉板	木板、塑料板、格栅	
表面平整度	3	2	2	2	用2m靠尺和塞尺检查
接缝直线度	3	1.5	3	3	拉5m线，不足5m拉通线用钢直尺检查
接缝高低差	1	1	1.5	1	用钢直尺和塞尺检查

(二)明龙骨吊顶工程

1. 主控项目

(1)吊顶标高、尺寸、起拱和造型应符合设计要求。

检验方法：观察、尺量检查。

(2)饰面材料的材质、品种、规格、图案和颜色应符合设计要求。当饰面材料为玻璃板时，应使用安全玻璃或采取可靠的安全措施。

检验方法：观察，检查产品合格证书、性能检测报告和进场验收记录。

(3)饰面材料的安装应稳固严密，饰面材料与龙骨的搭接宽度应大于龙骨受力面宽度的2/3。

检验方法：观察、手扳检查、尺量检查。

(4)吊杆、龙骨的材质、规格、安装间距及连接方式应符合设计要求。金属吊杆、金属龙骨应进行表面防腐处理，木龙骨应进行防腐、防火处理。

检验方法：观察，尺量检查，检查产品合格证书、进场验收记录和隐蔽工程验收记录。

(5)明龙骨吊顶工程的吊杆和龙骨安装必须牢固。

检验方法：手扳检查、检查隐蔽工程验收和施工记录。

2. 一般项目

(1)饰面材料表面应洁净、色泽一致，不得有翘曲、裂缝及缺损。饰面板与明龙骨的搭接应平整、吻合，压条应平直、宽窄一致。

检验方法：观察、尺量检查。

（2）饰面板上的灯具、烟感器、喷淋头、风口篦子等设备的位置应合理、美观，与饰面板的交接应吻合、严密。

检验方法：观察。

（3）金属龙骨的接缝应平整、吻合、颜色一致、不得有划伤、擦伤等表面缺陷，木质龙骨应平整、顺直、无劈裂。

检验方法：观察。

（4）吊顶内填充吸声材料的品种和铺设厚度应符合设计要求，并应有防散落措施。

检验方法：检查隐蔽工程验收记录和施工记录。

（5）明龙骨吊顶工程安装的允许偏差和检验方法应符合表 5-11 的规定。

表 5-11　明龙骨吊顶工程安装的允许偏差和检验方法

项目	允许偏差（mm）				检验方法
	石膏板	金属板	矿棉板	塑料板、玻璃板	
表面平整度	3	2	3	2	用 2m 靠尺和塞尺检查
接缝直线度	3	2	3	3	拉 5m 线，不足 5m 拉通线，用钢直尺检查
接缝高低差	1	1	2	1	用钢尺和塞尺检查

第四节　抹灰工程

一、一般抹灰

（一）施工操作要点

1. 内墙面抹灰

（1）工艺流程：基层处理→浇水湿润→找规矩→做灰饼→设置标筋→阳角护角→抹底层灰、中层灰→抹窗台板→踢脚线→抹罩面灰→清理。

（2）施工要点，一般抹灰工程施工操作要点见表 5-12。

表 5-12　　一般抹灰工程施工操作要点

工序	操作要点
基层处理	1. 不同材料基体的交接处应采取防开裂措施，如铺钉金属网，金属网与各基体的搭接宽度不应小于 100mm。 2. 砖墙基层处理：首先清理基层表面浮灰、砂浆、泥土等杂物，再进行墙面浇水湿润。浇水时应从墙上部缓慢浇下，防止墙面吸水处于饱和状态。 3. 混凝土墙基层处理：对光滑的混凝土表面进行凿毛处理，还可采用甩浆法，刷界面处理剂。 4. 轻质混凝土基层处理：钉铁丝网，网孔为 1cm×1cm，然后在网格上抹灰。也可以在基层刷上一道增强粘力的封闭层，再抹灰
浇水湿润	基层处理完毕后，浇水湿润
找规矩	用一面墙做基准，先用方尺规方，如房间面积较大，在地面上先弹出十字中心线，再按墙面基层的平整度在地面弹出墙角线，随后在距墙阴角 100mm 处吊垂线并弹出垂直线，再按地面上弹出的墙角线往墙上翻引，弹出阴角两面墙上抹灰层厚度控制线，以此确定标准灰饼厚度
做灰饼	在墙面距地 1.5m 左右的高度，距墙面两边阴角 100 ～ 200mm 处，用 1∶3 水泥砂浆或 1∶3∶9 水泥石灰砂浆，各做一个 50mm×50mm 的灰饼，再用托线板或线锤以此饼面挂垂直线，在墙面的上下各补做两个灰饼，灰饼离顶棚及地面距离 150 ～ 200mm，再用钉子钉在左右石灰饼两头接缝里，用小线拴在钉子上拉横线，沿线每隔 1.2 ～ 1.5m 补做灰饼
设置标筋	要求高出灰饼面 5 ～ 10mm。然后用刮尺紧贴灰饼左上右下地来回搓刮，直到标筋面与灰饼面齐平为止
阳角护角	1. 在抹大面前进行，用 1∶2 水泥砂浆在室内的门窗洞口及墙面、柱子的阴角处做护角。 2. 护角高度不低于 2m，每侧宽度不小于 50mm
抹底层灰、中层灰	1. 待标筋有了一定强度后，洒水湿润墙面，然后在两筋之间用力抹底灰，用木抹子压实槎毛。 2. 底灰要略低于标筋。待底灰干至六七成后，即可抹中灰。抹灰厚度稍高于标筋，再用木杆按标筋刮平，紧接着用木抹子槎压，使表面平整密实。 3. 抹灰用的石膏熟化期不应少于 15d
抹窗台板、踢脚板	1. 应分层抹灰，窗台用 1∶3 水泥砂浆打底，表面划毛，护养 1d。 2. 刷素水泥浆一道，抹 1∶2.5 水泥砂浆罩面灰，原浆压光
抹罩面灰	底子灰终凝后，方可抹罩面灰。罩面用的磨细石灰粉常温下熟化期不应少于 3d
清理	抹罩面灰后，并熟化期结束后，进行清理

2. 外墙面抹灰

（1）工艺流程：基层处理→浇水湿润→找规矩、做灰饼、标筋→抹底层灰、中层灰→弹分格线、嵌分格条→抹罩面灰→起分格条→做滴水线→养护。

（2）施工要点：外墙抹灰工程施工操作要点见表 5–13。

表 5–13　外墙抹灰工程施工操作要点

工序	操作特点
基层处理	砖墙凹凸用 1：3 水泥砂浆填平或剔凿平整，脚手架孔洞堵眼、填实，清理墙面污物，混凝土光滑处进行凿毛
浇水湿润	基层处理完毕后，浇水湿润
找规矩、做灰饼、标筋	同表 5–12
抹底灰、中灰	同表 5–12
弹分格线、嵌分格条	待中灰干至六七成时，按要求弹出分格线，镶嵌分格条。分格条两侧用素水泥浆（最好掺 108 胶）与墙面抹成 45°，横平竖直，接头平直
起分格条	拆除分格条的时间可在面灰抹好之后。若采用“隔夜条”的罩面层，必须待面层将达到适当强度后方可拆除
抹罩面灰	底灰终凝后，方可抹面灰。窗台、雨篷、压顶、檐口等部位，应先抹立面，后抹顶面、再抹底面。窗台上面的抹灰层应伸入窗框下的裁口内，堵塞密实，罩面用的磨细石灰粉常温
做滴水线	顶面应抹出流水坡度，为便于排水，底面外沿边应做出滴水线槽，底线水槽一般深度和宽度大于 10mm
养护	做完滴水线后，进行养护

（二）质量检验与验收

1. 主控项目

（1）抹灰前基层表面的尘土、污垢、油渍等应清除干净、并应洒水湿润。

检验方法：检查施工记录。

（2）一般抹灰所用材料的品种和性能应符合设计要求。水泥的凝结时间和安全复验应合格。砂浆的配合比应符合设计要求。

检验方法：检查产品合格证书。进场验收记录、复验报告和施工记录。

（3）抹灰工程应分层进行。当抹灰总厚度大于或等于 35mm 时，应采取加强措施。不同材料基体交接处表面的抹灰，应采取防止开裂的加强措施，当采用加强网时，加强网与各基体的搭接宽度不应小于100mm。

检查方法：检查隐藏工程验收记录和施工记录。

（4）抹灰层与基层之间及各抹灰层之间必须粘接牢固，抹灰层应五脱层、空鼓，面层应无爆灰和裂缝。

检验方法：观察，用小锤轻击检查，检查施工记录。

2. 一般项目

（1）一般抹灰工程的表面质量应符合下列规定：

1）普通抹灰表面应光滑、洁净、接槎平整，分格缝应清晰。

2）高级抹灰表面应光滑、洁净、颜色均匀、无抹纹，分格和灰线应清晰美观。

检验方法：观察、手摸检查。

（2）护角、孔洞、槽、盒周围的抹灰表面应整齐、光滑，管道后面的抹灰表应平整。

检验方法：观察。

（3）抹灰层的总厚度应符合设计要求；水泥砂浆不得抹在石灰砂浆层上；罩面石膏灰不得抹在水泥砂浆层上。

检验方法：检查施工记录。

（4）抹灰分格缝的设置应符合设计要求，宽度和深度应均匀，表面应光滑，棱角应整齐。

检验方法：观察、尺量检查。

（5）有排水要求的部位应做滴水线（槽）。滴水线（槽）应整齐顺直，滴水线应内高外低，滴水槽宽度和深度均不应小于10mm。

检验方法：观察、尺量检查。

（6）一般抹灰工程质量的允许偏差和检验方法应符合表5–14的规定。

表5–14　一般抹灰的允许偏差和检验方法

项次	项目	允许偏差（mm）		检验方法
		普通抹灰	高级抹灰	
1	立面垂直度	4	3	用2m垂直检测尺检查
2	表面平整度	4	3	用2m垂直检测尺检查

续表

项次	项目	允许偏差（mm）		检验方法
		普通抹灰	高级抹灰	
3	阴阳角方正	4	3	用直角检测尺检查
4	分格条（缝）直线度	4	3	用5m线，不足5m拉通线，用直尺检查
5	墙裙、勒脚上口直线度	4	3	用5m线，不足5m拉通线，用直尺检查

注　1. 普通抹灰，本表第3项阴角方正可不检查。

2. 顶棚抹灰，本表第2项表面平整度可不检查，但应平顺。

二、装饰抹灰

（一）施工控制要点

装饰抹灰的做法很多，下面介绍一些常用的装饰抹灰做法。

1. 水刷石施工要点

（1）弹线、粘分格条：待中层灰六七成干并经验收合格后，按照设计要求进行弹线分格，并粘贴好分格条。

（2）抹灰石子浆：浇水湿润，刷一道水泥浆（水灰比0.37～0.40）随即抹水泥灰石子浆。配合水泥石子浆时应注意使石粒颗粒均匀、洁净、色泽一致，水泥石子浆稠度以50～70mm为宜。抹水泥石浆应一次成活，用铁抹子压紧揉平，但不应压得过死。每一分格内抹石子浆应按自下而上的顺序。阳角处应保证线条垂直，挺拔。

（3）冲洗：冲洗时确保水刷石施工质量的重要环节。冲洗可分两遍进行，第一遍先用软毛刷刷掉面层水泥浆露出石粒，第二遍用喷雾器从上往下喷水，冲去水泥浆使石粒露出1/3～1/2粒径，达到显露清晰的效果。

开始冲洗的时间与气温和水泥品种有关，应根据具体情况去掌握。一般以能刷洗掉水泥浆而又不掉石粒为宜。冲洗应快慢适度。冲洗按照自上而下的顺序。冲洗中还应做好排水工作。

（4）起分格条、修整；冲洗后随即起出分格条，起条应小心仔细。对局部可用水泥素浆修补。要及时对面层进行养护。

对外墙窗台、窗楣、雨篷、阳台、压顶、檐口以及突出的腰线等部位，应做出泄水坡度并做滴水槽或滴水线。

2. 干粘石施工要点

（1）抹黏结层砂浆：中层灰验收合格后浇水湿润，刷水泥素浆一道，抹水泥砂浆黏结层。黏结层砂浆厚度 4 ～ 5mm，稠度以 60 ～ 80mm 为宜。黏结层应平整，阴阳角方正。

（2）撒石粒、拍平：在黏结层砂浆干湿适宜时可以用手甩石粒，然后用铁抹子将石粒均匀拍入砂浆中。甩石粒应遵循“先边角后中间，先上面后下面”的原则。在阳角处应同时进行。甩石粒应尽量使石粒分布均匀，当出现过密或过稀处时一般不宜补甩，应直接剔除或不粘石粒。拍石粒时也应用力合适，一般以石粒进入砂浆不小于其粒径的一半为宜。

（3）修整：如局部有石粒不均匀、表面不平、石粒外露太多或石粒下坠等情况，应及时进行修整。起分格条时如布局出现破损也应用水泥浆修补。要使整个墙面平整、色泽均匀、线条顺直清晰。

（二）质量检验与验收

1. 主控项目

（1）抹灰前基层表面的尘土、污垢、油渍等应清除干净，并应洒水润湿。

检验方法：检查施工记录。

（2）装饰抹灰工程所有材料的品种和性能应符合设计要求。水泥的凝结时间和安定性复验应合格。砂浆的配合比应符合设计要求。

检验方法：检查产品合格证书、进场验收记录、复验报告和施工记录。

（3）抹灰工程应分层进行。当抹灰总厚度大于或等于 35mm 时，应采取加强措施。不同材料基体交接处表面的抹灰，应采取防止开裂的加强措施，当采用加强网时，加强网与各基体的搭接宽度不应小于 100mm。

检验方法：检查隐蔽工程验收记录和施工记录。

（4）各抹灰层之间及抹灰层与基体之间必须黏结牢固，抹灰层应无脱层、空鼓和裂缝。

检验方法：观察、用小锤轻击检查，检查施工记录。

2. 一般项目

（1）装饰抹灰工程的表面质量应符合下列规定：

1）水刷石表面应石粒清晰、分布均匀、紧密平整、色泽一致，应无掉粒和接槎痕迹。

2）斩假石表面剁纹应均匀顺直，深浅一致，应无漏剁处，阳角处应横剁并留出宽窄一致的不剁边条，棱角应无损坏。

3）干粘石表面应色泽一致、不露浆、不漏粘，石粒应黏结牢固、分布均匀，阳角处应无明显黑边。

4）假面砖表面应平整、沟纹清晰、留缝整齐、色泽一致，应无掉角、脱皮、起砂等缺陷。

检验方法：观察、手摸检查。

（2）装饰抹灰分格条（缝）的设置应符合设计要求，宽度和深度应均匀，表面应平整光滑，棱角应整齐。

检验方法：观察。

（3）有排水要求的部位应做滴水线（槽）。滴水线（槽）应整齐顺直，滴水线应内高外低，滴水线的宽度和深度均不应小于10mm。

检验方法：观察、尺量检查。

（4）装饰抹灰工程质量的允许偏差和检验方法应符合表5-15的规定。

表5-15　装饰抹灰工程质量的允许偏差和检验方法

项次	项目	允许偏差（mm）				检验方法
		水刷石	斩假石	干粘石	假面砖	
1	立面垂直直度	5	4	5	5	用2m靠尺和塞尺检验
2	表面平整度	3	3	5	4	用2m靠尺和塞尺检验
3	阳角方正	3	3	4	4	用直尺检测尺检查
4	分格条（缝）直线度	3	3	3	3	用5m线，不足5m拉通线，用钢直尺检查
5	墙裙、勒脚上口直线度	3	3	—	—	用5m线，不足5m拉通线，用钢直尺检查

第五节　饰面工程

一、施工工艺

1. 饰面砖镶贴工艺

（1）施工准备。

1）选砖。挑选的面砖应符合规格一致、形状平整方正、不缺棱掉角、不开裂和脱釉、无凹凸扭曲、颜色均匀的要求。

2）浸泡、镶贴前应先将砖面清理干净，并置于清水中浸泡。釉面砖一般约2～3h。外墙面砖则需隔夜浸泡、取出晾干。以面砖表面有潮湿感，手按无水迹为宜。

3）预排。同一墙面上的横竖排列，均不得有一行以上的非整砖。

（2）内墙釉面砖镶贴工艺。

1）在清理干净的找平层上，依据室内标准水平线，校核地面标高和分格线。

2）设置地面木托板。以所弹地平线为依据，地面木托板的高度为非整砖的调节尺寸。整砖的镶贴，应从木托板开始自下而上进行。每行的镶贴宜从阳角开始，把非整砖留在阴角。

3）制糊状的水泥浆。配合比为水泥：砂=1：2（体积比），另掺水泥重量为3%～4%的108胶；先将108胶用2倍的水稀释，然后加在搅拌均匀的水泥砂浆中，持续搅拌至混合为止。

4）镶贴。用铲刀将水泥砂浆或水泥浆均匀涂抹在釉面砖背面（水泥砂浆厚度宜为6～10mm，水泥浆厚度宜为2～3mm），四周刮成斜面，按线就位后，用手轻压，然后用橡皮锤或小铲把轻轻敲击，使其与中层贴紧，确保釉面砖四周砂浆饱满，并用靠尺找平。

5）擦洗。镶贴完毕后，用与釉面砖相同颜色的石灰膏或白水泥色浆擦嵌密实，用棉纱将釉面砖表面擦洗干净。镶贴墙面时，应先贴大面，后贴阴阳角、凹槽等难度较大耗工较多的部位。

（3）外墙釉面砖镶贴工艺。外墙釉面砖镶贴自上而下分段，每段内应自下而上镶贴：

1）弹垂直线。在整个墙面两头各弹一条垂直线，若墙面较长，可在墙面中间部位再增弹几条垂直线，垂直线之间的距离应为釉面砖宽的整倍数（包括接缝宽），墙面两头垂直线应距离墙阳角（或阴角）为一块釉面砖的宽度。垂直线作为竖行标准。

2）弹水平线。在各分段分界处各弹一条水平线，作为贴釉面砖横行标准。各水平线的距离应为釉面砖高度（包括接缝）的整倍数。

3）镶贴。先清理底层灰面，并浇水湿润然后涂刷一道素水泥浆，紧接着抹上水泥石灰砂浆，随即将釉面砖对准位置镶贴，用橡胶锤轻敲，使其贴实平整。阳角处正面的釉面砖应盖住侧面的釉面砖的端边，阴角处应使釉面砖的接缝正对阴角线。

4）擦洗。镶贴完一段后，随即将釉面砖的表面擦洗干净，用水泥细砂浆勾缝，待其干硬后，再擦洗一遍釉面砖面。

2. 石材饰面板安装工艺

（1）湿贴法铺贴工艺。湿贴法铺贴工艺是指在竖向基体上预挂钢筋网，用铜丝或镀锌钢丝绑扎板材并灌水泥沙浆粘牢。

1）墙体上设置锚固体，砖墙体应在灰缝中预埋 ϕ6mm 钢筋钩，钢筋钩中距为 500mm 或按板材尺寸确定，当挂贴高度超过 3m 时，钢筋钩改用 ϕ10mm 钢筋，钢筋钩埋入墙体内的深度应不小于 120mm，伸出墙面 30mm，混凝土墙体可射入 $\phi 3.7\times 62$mm 的射钉，射钉打入墙体内 30mm，伸出墙面 32mm。

2）在锚固件上焊接或绑扎钢筋网，钢筋网双向中距为 500mm 或按板材尺寸确定。

3）安装饰面板。板上、下边各钻至少两个 ϕ5mm 的孔，孔深为 15mm，用双股 18 号钢丝穿过钻孔，将饰面在钢筋网上绑牢，饰面板的背面记录墙面应不少于 52mm，可垫木模调整。

4）灌浆。每安装好一行横向饰面板后，即可进行灌浆，灌浆前，应浇水将饰面板背面及墙体表面湿润，在饰面板的竖向接缝内填塞 15 ～ 20mm 深的麻丝或泡沫塑料条以防漏浆。用 1：2.5 的水泥砂浆，分层灌注到饰面板背面与墙面之间的空隙中，每层灌注高度为 150 ～ 200mm，且不得大于板高的 1/3，并插捣密实，施工缝应留在饰面板水平接缝以下 50 ～ 100mm 处。

（2）干挂法铺贴工艺。干挂法铺贴工艺主要采用扣件固定法，饰面板与墙体之间留出 40 ～ 50mm 的空腔，适用于 30m 以下的钢筋混凝土结构基体上，其施工工艺如下：

1）板材切割。注意保持板块边角的挺直和规矩。

2）磨边。板材切割后，为使其边角光滑，可采用手提式磨光机进行打磨，或用方头錾进行修边。

3）钻孔和开槽。相邻板块采用不锈钢销钉链接固定，销钉插在板材侧面孔内。孔径为 5mm，深度为 12mm，用电钻打孔。在板块中部开槽设置承托扣件以支撑板材的自重。

4）涂防水剂。在板材背面涂刷一层丙烯酸防水涂料，以增强外饰面的防水性能。

5）墙面修整。当混凝土外墙表面有局部凸出，影响到扣件安装时，须进行凿平修整。

6）弹线。从结构中引出楼面标高和轴线位置，在墙面上弹出安装板材的水平和垂直控制线，并做出灰饼以控制板材安装的平整度。

7）墙面涂刷防水剂。在外墙面上涂刷一层防水剂，以增加外墙的防水性能。

8）板材安装、固定。安装顺序应自下而上，在墙面最下一排板材安装位置的上、下口拉两条水平控制线，板材从中间或墙面阳角开始就位安装。先安装好第一块作为基准，其平整度以事先设置的灰饼为依据，用线垂吊直，经校准后加以固定。

9）板材接缝防水处理。石板装饰面接缝处的防水处理采用密封硅胶嵌缝。嵌缝前先在缝隙内嵌入柔性条状泡沫聚乙烯材料作衬底，以控制接缝的密封深度和加强密封胶的黏接力。

二、施工质量验收

（一）饰面板安装工程

1. 主控项目

（1）饰面板的品种、规格、颜色和性能应符合设计要求，木龙骨、木饰面板和塑料饰面板的燃烧性能等级应符合设计要求。

检验方法：观察，检查产品合格证书、进场验收记录和性能检测报告。

（2）饰面板孔、槽的数量、位置和尺寸应符合设计要求。

检验方法：检查进场验收记录和施工记录。

（3）饰面板安装工程的预埋件（或后置埋件）、连接件的数量、规格、位置、连接方法和防腐处理必须符合设计要求。后置埋件的现场拉拔强度必须符合设计要求。饰面板安装必须牢固。

检验方法：手板检查，检查进场验收记录、现场拉拔检测报告、隐藏工程验收记录和施工记录。

2. 一般项目

（1）饰面板表面应平整、洁净、色泽一致，无裂痕和缺损。石材表面应无泛碱等污染。

检验方法：观察。

（2）饰面板嵌缝应密实、平直，宽度和深度应符合设计要求，嵌填材料色泽应一致。

检验方法：观察、尺量检查。

（3）采用湿作业法施工的饰面板工程，石材应进行防碱背涂处理。饰面板与基体之间的灌注材料应饱满、密实。

检验方法：用小锤轻击检查、检查施工记录。

（4）饰面板上的孔洞应套割吻合，边缘应整齐。

检验方法：观察。

（5）饰面板安装的允许偏差和检验方法应符合表 5-16 的规定。

表 5-16　饰面板安装的允许偏差和检验方法

项目	允许偏差（mm）							检验方法
	石材			瓷板	木材	塑料	金属	
	光面	剁斧石	蘑菇石					
立面垂直度	2	3	3	2	1.5	2	2	用 2m 垂直检测尺检查
表面平整度	2	3	—	1.5	1	3	3	用 2m 靠尺和塞尺检查
阴阳角方正	2	4	4	2	1.5	3	3	用直角检测尺检查
接缝直线度	2	4	4	2	1	1	1	拉 5m 线，不足 5m 拉通线，用钢直尺检查
墙裙、勒角上口直线度	2	3	3	2	2	2	2	拉 5m 线，不足 5m 拉通线，用钢直尺检查
接缝高低差	0. 5	3	—	0.5	0.5	1	1	用钢直尺和长塞尺检查
接缝宽厚	1	2	2	1	1	1	1	用钢直尺检查

（二）饰面砖粘贴工程

1. 主控项目

（1）饰面砖的品种、规格、图案颜色和性能应符合设计要求。

检验方法：观察，检查产品合格证书、进场验收记录、性能检测报告和复验报告。

（2）饰面砖粘贴工程的找平、防水、黏结和勾缝材料及施工方法应符合设计要求及国家现行产品标准和工程技术标准的规定。

检验方法：检查产品合格证书、复验报告和隐蔽工程验收记录。

（3）饰面砖粘贴必须牢固。

检验方法：检查样板件黏结强度检测报告和施工记录。

（4）满粘法施工的饰面砖工程应无空鼓、裂缝。

检验方法：观察、用小锤轻击检查。

2. 一般项目

（1）饰面砖表面应平整、洁净、色泽一致，无裂痕和缺损。

检验方法：观察。

（2）阴阳角处搭接方式、非整砖使用部位应符合设计要求。

检验方法：观察。

（3）墙面突出周围的饰面砖应整砖套割吻合，边缘应整齐、墙裙、贴脸突出墙面的厚度应一致。

检验方法：观察、尺量检查。

（4）饰面砖接缝应平直、光滑，填嵌应连续、密实，宽厚和深度应符合设计要求。

检验方法：观察、尺量检查。

（5）有排水要求的部位应做滴水线（槽）。滴水线（槽）应顺直，流水坡向应正确，坡度应符合设计要求。

检验方法：观察、用水平尺检查。

（6）饰面砖粘贴的允许偏差和检验方法应符合表 5–17 的规定。

表 5–17　　饰面砖粘贴的允许偏差和检验方法

项目	允许偏差（mm）		检验方法
	外墙面砖	内墙面砖	
立面垂直度	3	2	用 2m 垂直检测尺检查
表面平整度	4	3	用 2m 靠尺和宽尺检查
阴阳角方正	3	3	用直角检测尺检查
接缝直线度	3	2	拉 5m 线，不足 5m 拉通线，用钢直尺检查
接缝高低差	1	0.5	用钢直尺和塞尺检查
接缝宽度	1	1	用钢直尺检查

第六节　涂饰工程

一、施工质量控制

建筑装饰涂料一般适用于混凝土基层、水泥砂浆或混合砂浆抹面、水泥石棉板、加气混凝土、石膏板砖墙等各种基层面。一般采用刷、喷、滚、弹涂施工。

1. 基层处理和要求

（1）新抹砂浆常温要求 7d 以上，现浇混凝土常温要求 28d 以上，方可涂饰建筑涂料，否则会出现粉化或色泽不均匀等现象。

（2）基层要求平整，但又不应太光滑，孔洞和不必要的沟槽应提前进行修补，修补材料可采用 108 胶加水泥和适量水调成的腻子，太光滑的表面对涂料黏结性能有影响；太粗糙的表面，涂料消耗量大。

（3）在喷、刷涂料前，一般要先喷、刷一道与涂料体系相适应的冲稀了的乳液，稀释了的乳液渗透能力强，可使基层坚实、干净、黏结性好并节省涂料，如果在旧涂层上刷新涂料，应除去粉化、破碎、生锈、变脆、起鼓等部分，否则刷上的新涂料就不会牢固。

2. 涂饰程序

外墙面涂饰时，不论采取什么工艺，一般均应由上而下，分段分部进行涂饰，分段分片的部位应选择在门、窗、拐角、水落管等处，因为这些部位易于掩盖，内墙面涂饰时，应在顶棚涂饰完毕后进行，由上而下分段涂饰；涂饰分段的宽度要根据刷具的宽度以及涂料稠度决定；快干涂料慢涂宽度 15 ～ 25cm，慢干涂料快涂宽度为 45cm 左右。

3. 刷、喷、滚、弹涂施工要点

（1）刷涂。涂刷时，其涂刷方向和行程长短均应一致。涂刷层次，一般不少于两度，在前一度涂层表干后才能进行后一度涂刷，前后两次涂刷的相隔时间与施工现场的温度、湿度有密切关系，通常不少于 2 ～ 4h。

（2）喷涂。

1）在喷涂施工中，涂料稠度、空气压力、喷射距离、喷枪运行中的角度和速度等方面均有一定要求。

2）施工时，应连读作业，一气呵成，争取到分格缝处再停歇。室内喷涂一般先喷顶后喷墙，两边成活，间隔时间为 2h；外墙喷涂一般为两遍，较好的饰面为三遍，罩面喷涂时，喷离脚手架 10 ～ 20cm 处，往下另行再喷。作业段分割线应设在水落管、接缝、雨罩等处。

3）灰浆管道产生堵塞而又不能马上排除故障时，要迅速改用喷斗上料继续喷涂，不留接槎，直到喷完为止，以免影响质量。

4）要注意基层干湿度，尽量使其干湿度一致。

5）颜料一次不要拌得太多，避免变稠再加水。

（3）滚涂施工。

1）施工时在辊子上蘸少量涂料后再在被滚墙面上轻缓平稳地来回滚动，直上直下，避免歪扭蛇行，以保证涂层厚度一致、色泽一致、质感一致。

2）滚涂分为干滚法和湿滚法两种。干滚法辊子上下一个来回，再向下走一遍，表面均匀拉毛即可；湿滚法要求辊子蘸水上墙，或向墙面洒少量的水，滚到花纹均匀为止。

3）横滚的花纹容易积尘污染，不宜采用。

4）如产生翻砂现象，应再薄薄地抹一层砂浆重新滚涂，不得事后修补。

5）因罩面层较薄，因此要求底层顺直平整，避免罩面层做后产生露底现象。

6）滚涂应按分隔缝或分段进行，不得任意甩槎。

（4）弹涂施工（宜用云母片状和细料状涂料）。

1）彩弹饰面施工的全过程都必须根据事先所设计的样板上的色泽和涂层表面形状的要求进行。

2）在基层表面先刷 1 ～ 2 层涂料，作为底色涂层。待底色涂层干燥后，才能进行弹涂。门窗等不必进行弹涂的部位应予遮挡。

3）弹涂时，手提彩弹机，先调整和控制好浆门、浆量和弹棒，然后开动电动机，使机口垂直对准墙面，保持适当距离（一般为 30 ～ 50cm），按一定手势和速度，自上而下，自右（左）至左（右），循序渐进，要注意弹点密度均匀适当，上下左右接头不明显。

4）大面积弹涂后，如出现局部弹点不均匀或压花不合要求影响装饰效果时，应进行修补，修补方法有补弹和笔绘两种。修补所用的涂料，应该与刷底或弹涂同一颜色的涂料。

二、施工质量验收

（一）水性涂料涂饰工程

1. 主控项目

（1）水性涂料涂饰工程所用涂料的品种、型号和性能应符合设计要求。

检验方法：检查产品合格证书、性能检测报告和进场验收记录。

（2）水性涂料涂饰工程的颜色、图案应符合设计要求。

检验方法：观察。

（3）水性涂料涂饰工程应涂饰均匀、黏结牢固，不得漏涂、透底、起皮和掉粉。

检验方法：观察、手摸检查。

（4）水性涂料涂饰工程的基层处理应符合下列要求：

1）新建筑物的混凝土或抹灰基层在涂饰涂料前应涂刷抗碱封闭底漆。

2）旧墙面在涂饰涂料前应清除疏松的旧装修层，并涂刷界面剂。

3）混凝土或抹灰基层涂刷溶剂型涂料时，含水率不得大于8%；涂刷乳液型涂料时，含水率不得大于10%，木材基层的含水率不得大于12%。

4）基层腻子应平整、坚实、牢固，无粉化、起皮和裂缝；内墙腻子的黏结强度应符合JG/T 298《建筑室内用腻子》的规定。

5）厨房、卫生间墙面必须使用耐水腻子。

检验方法：观察、手摸检查、检查施工记录。

2. 一般项目

（1）薄涂料的涂饰质量和检验方法应符合表5–18的规定。

表5–18　　薄涂料的涂饰质量和检验方法

项目	普通涂饰	高级涂饰	检验方法
颜色	均匀一致	均匀一致	观察
泛碱、咬色	允许少量轻微	不允许	
流坠、疙瘩	允许少量轻微	不允许	
砂眼、刷纹	允许少量轻微砂眼，刷纹通顺	无砂眼，无刷纹	
装饰线、分色线直线度允许偏差（mm）	2	1	拉5m拉线，不足5m拉通线，用钢直尺检查

（2）厚涂料的涂饰质量和检验方法应符合表 5–19 的规定。

表 5–19　　厚涂料的涂饰质量和检验方法

项目	普通涂饰	高级涂饰	检验方法
颜色	均匀一致	均匀一致	观察
泛碱、咬色	允许少量轻微	不允许	
点状分布	—	疏密均匀	

（3）复合涂料的涂饰质量和检验方法应符合表 5–20 的规定。

表 5–20　　复合涂料的涂饰质量和检验方法

项目	质量要求	检验方法
颜色	均匀一致	观察
泛碱、咬色	允许少量轻微	
喷点疏密程序	均匀，不允许连片	

（4）涂层与其他装修材料和设备衔接处应吻合，界面应清晰。

检验方法：观察。

（二）溶剂型涂料涂饰工程

1. 主控项目

（1）溶剂型涂料涂饰工程所选用涂料的品种、型号和性能应符合设计要求。

检验方法：检查产品合格证书、性能检测报告和进场验收记录。

（2）溶剂型涂料涂饰工程的颜色、光泽、图案应符合设计要求。

检验方法：观察。

（3）溶剂型涂料涂饰工程应涂饰均匀、黏结牢固，不得漏涂、透底、起皮和反锈。

检验方法：观察、手摸检查。

（4）溶剂型涂料涂饰工程的基层处理应符合下列要求：

1）新建筑物的混凝土或抹灰基层在涂饰涂料前应涂刷抗碱封闭底漆。

2）旧墙面在涂饰涂料前应清除疏松的旧装修层，并涂刷界面剂。

3）混凝土或抹灰基层涂刷溶剂型涂料时，含水率不得大于 8%；涂刷乳涂型涂料时，含水率不得大于10%。木材基层的含水率不得大于12%。

4）基层腻子应平整、坚实、牢固，无粉化、起皮和裂缝；内墙腻子的黏结强度应符合JG/T 298《建筑室内用腻子》的规定。

5）厨房、卫生间墙面必须使用耐水腻子。

检验方法：观察、手摸检查、检查施工记录。

2. 一般项目

（1）色漆的涂饰质量和检验方法应符合表5-21的规定。

表5-21　色漆的涂饰质量和检验方法

项目	普通涂饰	高级涂饰	检验方法
颜色	均匀一致	均匀一致	观察
光泽、光滑	光泽基本均匀 光滑无挡手感	光泽均匀一致光滑	观察、手摸检查
刷纹	刷纹通顺	无刷纹	观察
裹棱、流坠、皱皮	明显处不允许	不允许	观察
装饰线、分色线直线度允许偏差（mm）	2	1	拉5m拉线，不足5m拉通线，用钢直尺检查

注　无光色漆不检查光泽。

（2）清漆的涂饰质量和检验方法应符合表5-22的规定。

表5-22　清漆的涂饰质量和检验方法

项目	普通涂饰	高级涂饰	检验方法
颜色	基本一致	均匀一致	观察
木纹	棕眼刮平、木纹清楚	棕眼刮平、木纹清楚	观察
光泽、光滑	光泽基本均匀 光滑无挡手感	光泽均匀一致光滑	观察、手摸检查
刷纹	无刷纹	无刷纹	观察
裹棱、流坠、皱皮	明显处不允许	不允许	观察

（3）涂层与其他装修材料和设备衔接处应吻合，界面应清晰。

检验方法：观察。

（三）美术涂饰工程

1. 主控项目

（1）美术涂饰所用材料的品种、型号和性能应符合设计要求。

检验方法：观察，检查产品合格证书、性能检测报告和进场验收记录。

（2）美术涂饰工程应涂饰均匀、黏结牢固，不得有漏涂、透底、起皮、掉粉和反锈。

检验方法：观察、手摸检查。

（3）美术涂饰工程的基层处理应符合下列要求：

1）新建筑物的混凝土或抹灰基层在涂饰涂料前应涂刷抗碱封闭底漆。

2）旧墙面在涂饰涂料前应清除疏松的旧装修层，并涂刷界面剂。

3）混凝土或抹灰基层涂刷溶剂型涂料时，含水率不得大于8%；涂刷乳液型涂料时，含水率不得大于10%。木材基层的含水率不得大于12%。

4）基层腻子应平整、坚实、牢固，无粉化、起皮和裂缝；内墙腻子的黏结强度应符合JG/T 298《建筑室内用腻子》的规定。

5）厨房、卫生间墙面必须使用耐水腻子。

检验方法：观察、手摸检查、检查施工记录。

6）美术涂饰的套色、花纹和图案应符合设计要求。

检验方法：观察。

2. 一般项目

（1）美术涂饰表面应洁净，不得有流坠现象。

检验方法：观察。

（2）仿花纹涂饰的饰面应具有被模仿材料的纹理。

检验方法：观察。

（3）套色涂饰的图案不得移位，纹理长轮廓应清晰。

检验方法：观察。

第七节　裱糊与软包工程

一、裱糊工程

（一）质量控制要点

（1）壁纸、墙布的种类、规格、图案、颜色和燃烧性能等级必须符合设计要求及国家现行标准的有关规定。同一房间的壁纸、墙布应用同一批料，即使同一批料，当有色差时，也不应贴在同一墙面上。

（2）裱糊前应以 1∶1 的 108 胶水溶液等作底胶涂刷基层，对附着牢固、表面平整的旧溶剂型涂料墙面，裱糊前应打平处理。

（3）在深暗墙面上粘贴易透底的壁纸、玻璃纤维墙布时，需加刷溶剂型浅色油漆一遍，以达到较好的质量效果。

（4）在湿度较大的房间和经常潮湿的墙体表面裱糊，应采用具有防水性能的壁纸和胶黏剂等材料。

（5）裱糊前，应将突出基层表面的设备或附件卸下。钉帽应进入基层表面，钉眼用油腻子填平。

（6）裁纸（布）时，长度应有一定余量，剪口应考虑对花并与边线垂直、裁成后卷拢，横向存放。不足幅宽的窄幅，应贴在较暗的阴角处，窄条下料时，应考虑对缝和搭缝关系，手裁的一边只能搭接不能对缝。

（7）胶黏剂应集中调制，并通过 400 孔 /cm^2 箍子过滤，调制好的胶黏剂应当天用完。

（8）裱糊第一幅前，应弹垂直线，作为裱糊时的基准线。

（9）墙面应采用整幅裱糊，并统一设置对缝，阳角处不得有接缝，阳角处接缝应搭接。

（10）无花纹的壁纸，可采用两幅间重叠的 2cm 搭线。有花纹的壁纸，则采取两幅间壁纸花纹重叠对准，然后用钢直尺压在重叠处，用刀切断、撕去余纸、粘贴压实。

（11）裱糊普通壁纸，应先将壁纸背面用水湿润 3 ～ 5min（视壁纸性能而定），取出静置 20min，裱糊时，基层表面和壁纸背面同时涂刷胶黏剂（壁纸刷胶后应静置 5min 上墙）。

（12）裱糊玻璃纤维墙布，应先将墙布背面清理干净。裱糊时，应在基层表面涂刷胶黏剂。

（13）裱糊后各幅拼接应横平竖直，拼接处花纹、图案应吻合，不离缝，不搭接，不显拼缝；粘贴牢固，不得有漏贴、补贴、脱层、空鼓长翘边。

（14）裱糊后的壁纸，墙布表面应平整，色泽应一致，不得有波纹起伏、气泡、裂缝、皱折及斑污，斜视时应无胶痕；复合压花壁纸的压痕及发泡壁纸的发泡层应无损坏；壁纸、墙布与各种装饰线、设备线盒应交接严密；壁纸、墙布边缘应平直整齐，不得有纸毛、飞刺；壁纸、墙布阴角处搭接应顺光、阳角处应无接缝。

（15）裱糊过程中和干燥前，应防止穿堂风和温度的突然变化。

（16）裱糊工程完成后，应有可靠的产品保护措施。

（二）质量检验与验收

1. 主控项目

（1）壁纸、墙布的种类、规格、图案、颜色和燃烧性能等级必须符合设计要求及国家现行标准的有关规定。

检验方法：观察，检查产品合格证书、进场验收记录和性能检测报告。

（2）裱糊工程基层处理质量应符合下列要求：

1）新建筑物的混凝土或抹灰基层墙面在刮腻子前应涂刷抗碱封闭底漆。

2）旧墙面在裱糊前应清除疏松的旧装修层，并涂刷界面剂。

3）混凝土或抹灰基层含水率不得大于8%；木材基层的含水率不得大于12%。

4）基层腻子应平整、坚实、牢固，无粉化、起皮和裂缝；腻子的黏结强度应符合 JG/T 298《建筑室内用腻子》的规定。

5）基层表面平整度、立面垂直度及阴阳角方正应达到高级抹灰的要求。

6）基层表面颜色应一致。

7）裱糊前应用封闭底胶涂刷基层。

检验方法：观察、手摸检查、检查施工记录。

（3）裱糊后各幅拼接应横平竖直，拼接处花纹、图案应吻合，不离缝，不搭接，不显拼缝。

检验方法：观察；拼缝检查距离墙面 1.5m 处正视。

（4）壁纸、墙布应粘贴牢固，不得有漏贴、补贴、脱层、空鼓和翘边。

检验方法：观察、手摸检查。

2. 一般项目

（1）裱糊后的壁纸、墙面表面应平整，色泽应一致，不得有波纹起伏、气泡、裂缝、皱折及斑污，斜视时应无胶痕。

检验方法：观察、手摸检查。

（2）复合压花壁纸的压痕及发泡壁纸的发泡层应无损坏。

检验方法：观察。

（3）壁纸、墙布与各种装饰线、设备线盒应交接严密。

检验方法：观察。

（4）壁纸、墙布边缘应平直整齐、不得有纸毛、飞刺。

检验方法：观察。

（5）壁纸、墙面阴角处搭接应顺光，阳角处应无接缝。

检验方法：观察。

二、软包工程

（一）质量控件要点

（1）软包面料，内衬材料及边框的材质、颜色、图案、燃烧性能等级和木材的含水率应符合设计要求及国家现行标准的有关规定。

（2）同一房间的软包面料，应一次进足同批号货，以防色差。

（3）当软包面料采用大的网格型或大花型时，使用时在其房间的对应部位应注意对格对花，确保软包装饰效果。

（4）软包应尺寸准确，单块软包面料不应有接缝、毛边、四周应绷压严密。

（5）软包在施工中不应污染，完成后应做好产品保护。

（二）质量检验与验收

1. 主控项目

（1）软包面料、内衬材料及边框的材质、颜色、图案、燃烧性能等级和木材的含水率应符合设计要求及国家现行标准的有关规定。

检验方法：观察，检查产品合格证、进场验收记录和性能检测报告。

（2）软包工程的安装位置及构造做法应符合设计要求。

检验方法：观察、尺量检查、检查施工记录。

（3）软包工程的龙骨、衬板、边框应安装牢固，无翘曲，拼缝应平直。

检验方法：观察、手扳检查。

（4）单块软包面料不应有接缝，四周应绷压严密。

检验方法：观察、手摸检查。

2. 一般项目

（1）软包工程表面应平整、洁净；无凹凸不平及皱折；图案应清晰、无色差，整体应协调美观。

检验方法：观察。

（2）软包边框应平整、顺直、接缝吻合。其表面涂饰质量应颜色均匀一致，无泛碱、咬色、流坠、疙瘩、刷纹、砂眼，喷点均匀等。

检验方法：观察、手摸检查。

（3）清漆涂饰木制边框的颜色、木纹应协调一致。

检验方法：观察。

（4）软包工程安装的允许偏差和检验方法应符合表5-23的规定。

5-23 软包工程安装的允许偏差和检验方法表

项目	允许偏差（mm）	检验方法
垂直度	3	用1m垂直检测尺检查
边框宽度、高度	0、-2	用钢尺检查
对角线长度差	3	用钢尺检查
裁口、线条接缝高低差	1	用钢尺和塞尺检查

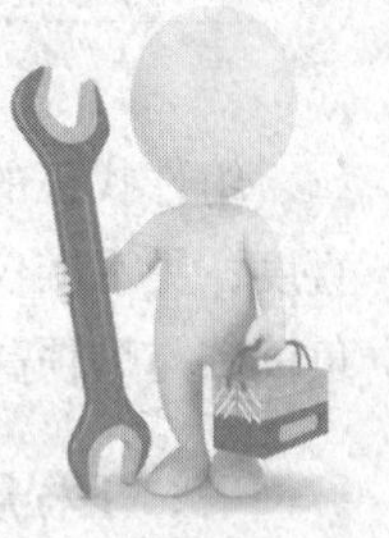

第六章　锅炉及风电机务安装

第一节　锅炉钢架安装

锅炉钢架是炉体的支撑构架，全钢结构，承载着受热面、炉墙及炉体其他附件的重量，并决定着炉体的外形。其主要由立柱、横梁、水平和垂直支撑、平台、扶梯、顶板等组成。

一、锅炉钢架施工程序

根据整体性要求，钢架安装程序可分为：基础划线，柱底板安装、找正，立柱、垂直支撑、水平梁、水平支撑安装，整体找正，高强度螺栓终紧，平台、扶梯、栏杆安装。

二、锅炉钢架安装工艺和方法

锅炉钢架首先根据土建移交的中心线进行基础划线，柱底板就位并找正找平后，钢架按从下到上，分层、分区域进行吊装。高强度螺栓设专人保管，安装时按初紧、终紧等程序进行，当天安装当天终紧，每层炉架验收后方可吊装上一层钢架。吊装时，各层平台、扶梯、栏杆安排同时进行，以保证主通道的畅通、安全行走。

组件吊装首先是组件重心的确定，主要考虑方形、长圆柱体和三角形等物体；其次是起吊节点的选定，即根据组件的结构、强度、刚度，机具起吊高度、起重索具安全要求等选定；再次组件绑扎，即为了防止组件在吊装时产生滑动、梁边锐角对绳索的切割、避免吊绳夹角过大等所进行的垫衬和捆绑等，以确保吊装的安全性；第四是试吊，即对重大或重要组件在正式起吊前，先将组件稍稍吊空，然后对机具、索具、夹具和组件有无变形、损坏等异常情况进行全面检查；最后是吊装就位，应力求吊装一次到位。

组件找正的方法主要是：用拉钢卷尺检查中心位置；用悬吊线锤检查大梁垂直度；用水准仪检查大梁水平度；用水平仪测查炉顶水平度，同时要注意标尺正负读数与炉顶高低的偏差关系等。

三、工程质量验收

锅炉钢架施工质量的验收符合 DL 5190.2《电力建设施工技术规范 第 2 部分：锅炉机组》和 DL/T 5210.2《电力建设施工质量验收规程 第 2 部分：锅炉机组》中的相关规定。

第二节 锅炉受热面安装

一、锅炉本体受热面（组合）安装技术要点

1. 受热面组合安装的一般程序

（1）首先是设备清点检查。

（2）其次是通球试验。

（3）再次是联箱找正划线。

（4）最后进行管子就位对口和焊接等。

2. 受热面组合（安装）要点

（1）锅炉受热面组合（安装）场地是根据设备组合后体积、重量，以及现场施工条件来决定的。一般而言，设备组装后体积偏大、重量超过现场起吊能力、炉内空间受限等必须在锅炉现场安装外，其余受热面设备要求首先在给定的组合场内组合，然后运往现场。

（2）锅炉受热面组合（安装）形式是根据设备的结构特征及现场的施工条件来决定。

组件的组合形式包括：直立式和横卧式。

其中直立式组合就是按设备的形态来组合支架，将联箱放置（或悬吊）在支架上部，管屏在联箱下面组装。其优点是组合场占用面积少，便于组件的吊装；缺点在于钢材耗用量大，安全状况较差。

横卧式就是将管排横卧摆放在组合支架上与联箱进行组合，然后将组合件竖立后进行吊装，其优点就是克服了直立式组合的缺点。其不足在于占用组合场面积多，且设备竖立造成设备永久变形或损伤。

（3）锅炉钢架安装验收合格后，锅炉组件吊装原则是：先上后下，先两侧后中间，先中心再逐渐向炉前、炉后进行。

二、工程质量验收

锅炉受热面施工质量的验收符合 DL 5190.2《电力建设施工技术规范　第 2 部分：锅炉机组》和 DL / T 5210.2《电力建设施工质量验收规程　第 2 部分：锅炉机组》的相关规定。

第三节　锅炉辅机安装

一、双进双出钢球磨煤机安装（含钢球磨煤机安装）

（一）施工工序

设备清点、编号、检查→基础检查、划线（主轴承检修、大齿轮预组合）→设备台板安装→轴承座及主轴承安装（球面座及乌金瓦刮研）→罐体运输就位（罐体与中空轴组合）→轴承间隙复查调整→大齿轮安装→衬板安装→小齿轮安装（小齿轮检修）→减速机安装→电动机安装→慢传装置安装→螺旋输送器安装→分离器安装→混煤箱、出粉管、落煤管安装→油站及油水管道安装→隔音罩及附属部件安装。

（二）施工方法

1. 设备清点、编号

（1）对照图纸或发货清单清点设备部件数量、型号应正确，清点无误后将设备领出。

（2）按设备本身原标识，将各台设备部件分清，按从固定端到扩建端顺序依次将磨煤机编号，并确认磨煤机旋向正确。

2. 设备检查及检修

（1）罐体检查。清除罐体法兰端面的防腐油脂、油污、毛刺等，找出厂家在罐体与轴颈的组装标记。检查罐体法兰端面应无变形、凹陷、裂纹、漏焊或假焊等缺陷，检查完后，将罐体两端法兰相对应平分为 8 ～ 12 等分，做出标记，按两端法兰对应点分别测量法兰止口间的几何尺寸，计算可知罐体法兰的直径、椭圆度、不平行度及罐体长度。

（2）空心轴检查。空心轴颈上应包扎完好并涂有防腐油脂，清洗油脂。检查空心轴颈表面应光洁、无伤痕、无锈迹、无凹坑，光洁度一般不小于7级，复查空心轴颈椭圆度、锥度、平整度，轴颈的直径尺寸和长度尺寸，应符合图纸要求。

（3）筒体与中空轴检查组合。用清洗剂清洗罐体和轴颈端部法兰平面，螺栓及螺栓孔油污，用锉刀打磨掉机加工表面的毛刺、飞边，螺栓螺母或端盖表面必须清洁，按设备装配标记装配。使用50t履带吊将中空轴吊起，起吊绳与中空轴不得直接接触，捆绑中空轴并找正重心调平，使用电热毯均匀加热中空轴的整个配合面，并持续检查加热部分的温度不得超过150℃。测量中空轴配合孔尺寸比端盖凸台尺寸至少大1mm，调整中空轴位置后与罐体端盖法兰进行组合。与筒体对正后，然后穿上固定螺栓。连接螺栓紧固力矩为130kN，紧固时使用液压螺栓拉伸器将螺栓拉长，将螺母及背母拧紧后将螺栓拉伸器松开。拧紧螺栓时应对称拧紧，否则将引起法兰偏斜。组合好后，用塞尺检查法兰结合面，应严密，用0.05mm塞尺塞不进，测量两空心轴颈中心线的实际距离，并记录并将此距离作为基础划线及主轴承找正时的依据。

（4）主轴承检查。检查平台板，几何尺寸应符合图纸要求，外观应平整光洁、无裂纹、砂眼、翘曲变形，检查球面座几何尺寸应符合图纸要求，外观光洁平整、无毛刺、砂眼。乌金瓦检查应无砂眼、裂纹、夹渣、气孔、凹坑、碰伤；乌金瓦表面应呈银亮色光泽，无黄色斑点，上瓦盖应无漏焊、毛刺、翘曲变形，乌金瓦油槽、回油孔、水室、上瓦盖内壁、注油孔外观应清洁畅通，无杂物。

（5）大齿轮检查及预组合。用汽油脱漆剂清理齿轮各齿面、法兰结合面、螺孔等处油污，用锉刀将齿面和接合面修平磨光，检查齿轮表面不得有裂纹、重皮、毛刺、缩孔疏松及机械损伤，表面应光洁，光洁度一般为5级。用枕木或型钢搭设平台，平台应平整坚固，用50t履带吊将两半大齿轮吊放在平台上，大齿轮下部应垫平垫稳，必要时可用斜铁调整，厂家装配印记对齐后穿连接螺栓并紧固，组合好后用塞尺检查接口法兰面间隙，用0.1mm塞尺塞入深度不超过25mm，用样板检查接口齿形，齿牙吻合应良好无错位，测量齿轮直径，椭圆度应符合图纸要求。预组合好后将螺栓松掉，大齿轮涂油保护并加盖篷布防雨。

（6）衬板检查。衬板外观无裂纹，外形尺寸偏差为 ±2mm。

（7）小齿轮检查。齿面应平整光洁、无裂纹、无毛刺、无缩孔。

（8）轴承座与底板检查。接触应均匀，局部间隙不大于0.1mm，不接触的边缘长度不大于100mm，累计长度不大于周长的1/4。检查合格后按底板几何尺寸划出纵横中心线，并打上样冲眼，样冲眼距中心点位置应左右相等。

（9）球面瓦与轴承座检修。球面应进行刮研，用色印法检查接触斑点每 $30 \times 30mm^2$ 不少于2点，配刮后球面瓦与轴承座之间接触良好，转动必须良好。最后用细砂纸打磨球面瓦上、下接触面提高表面光洁度，减少摩擦阻力，按球面座弧加工面几何尺寸划出纵横中心线，并将其引至球面座外侧，打上样冲眼做标记。研刮后涂油保护。

（10）轴承检修。将轴承水室清理干净，安装临时管路做水压试验，试验压力为0.6MPa，时间为20min，试验完毕后将水放净，用压缩空气吹干。将瓦吊放在球面座上，调水平，然后根据乌金瓦几何尺寸划出纵横中心线，用汽油、铲刀等清理主轴承内壁，包括上盖、油槽、注油孔、回油孔等。在70°～80°范围内对乌金瓦进行刮研，每 $10 \times 10mm^2$ 面积上不少于1点。

（11）油系统设备检修。油站油箱内清理掉油污尘土等杂物。

3. 设备安装

（1）基础检查、划线。用拉钢丝法依土建提供的基准中心为基准，划出罐体纵向中心线及推力主轴承横向中心线，以实测两主轴承中心线距离加热膨胀间隙值为准画出承力轴承横向中心线，并校核其垂直度。再按图纸尺寸以纵向中心线及推力轴承横向中心线为基准划出各基础纵横中心线，复查直埋地脚螺栓、螺栓孔相对位置，基础外形尺寸，基础标高，地脚螺栓孔底标高，如直埋地脚螺位置偏差过大，可适当调节纵横主中心线，使其偏差在规定范围内，调节完毕后在基础上取点并打上墨线。

（2）台板安装。台板安装包括主轴承台板、小齿轮台板、减速机台板、电动机台板、慢传装置台板、输送装置台板。在基础上放置垫片处凿平，应纵横向水平并使垫铁与基础面接触均匀平稳。垫铁应布置在台板的主筋处、四角以及地脚螺栓的两侧，相邻两组垫铁间距不大于300mm，每组垫铁不得超过3块。将台板底面清理干净后吊至基础上，通过调整台板下部的垫片来调整台板的水平度、标高及纵横位置，调整好后将地脚螺栓拧紧。垫铁与垫铁、台板之间应接触均匀，用0.1mm塞尺检查，局部塞入深度不大于垫铁长度的20%。各台板安装时水平度偏差不大于0.15mm/m，中心距偏差不大于 ±2mm，对角线偏差不大于 ±2mm。

（3）主轴承安装。

1）先找正推力侧台板，将轴承台板吊放至基础上，调整台板的纵横中心线与基础纵横中心线一致，并调整台板上平面标高至设计高度，然后将螺栓紧固。以推力侧台板为基准找正承力侧台板。对角线偏差：±2mm；中心线距离偏差：

±2mm；水平度：0.15mm/m，相对标高偏差：推力侧—膨胀侧不大于0.5mm。

2）用清洗剂清洗台板与球面座结合面，涂一层黄油，将球面座放在台板上，使台板纵横中心线与球面座纵横中心线相对应，并拧紧连接螺栓，复查球面座对角线、中心距、水平度及相对标高。

3）用清洗剂清洗球面座，把推力侧乌金瓦吊放在球面座上，调节乌金瓦纵横中心线与基础纵横中心线相对应，并装上限位板将乌金瓦固定，压板与乌金瓦间隙为2～8mm。以推力瓦为基准，找正承力瓦，推力瓦与承力瓦中心距按两空心轴颈中心实测距离，再加上罐体热膨胀的伸长量（25mm），测量两端轴瓦的间距及对角线，精密水平尺测量瓦底水平，用水平仪测量两轴承相对标高，推力瓦比承力瓦瓦底高不大于0.5mm。

4）主轴承找正完后，将轴瓦与球面座连接好，安装高压油管路，冷却水管路，油位监测器及温度计等，同时在台板与球面座四边各作好标记，将球面座吊下，准备大罐就位。

（4）罐体运输就位。

1）将D轴与K1轴之间的通道夯实、垫平。将C、D轴线磨煤机基础间铺满枕木，枕木高度为2.15m。

2）在13m层煤仓间平台下部安装东西方向的吊轨轨道，轨道上安装20t手动滑车一台，滑车上挂20t手拉葫芦一只。每台磨煤机安装一根轨道（见图6-1）。在13m煤仓间平台上，每台磨煤机上方吊挂4个20t手拉葫芦（见图6-2）。吊轨轨道采用Ⅰ45a工字钢，轨道生根节点跨距为不大于2m，节点采用Ⅰ20工字钢连接，D轴以西1.15m处节点采用δ=20，长1400mm×宽130mm的钢板连接。计算如下：

轨道选用许用应力$\sigma \leqslant 1200\text{kg/cm}^2$；

节点跨距为2m时，轨道承受最大弯矩$M_{max}=16\times1=16\times10^5\text{kg}\cdot\text{m}$；

Ⅰ45a工字钢弯曲截面系数$W_x=1430\text{cm}^3$；

$\sigma=M_{max}/W_x=1600000/1430=1119\ \text{kg/cm}^2$；

计算应力小于选用应力满足使用要求。

节点选用许用应力$\sigma \leqslant 1350\ \text{kg/cm}^2$；

Ⅰ20工字钢截面积$F=20\ \text{cm}^2$；

$\delta=20$，宽130mm钢板截面积$F=26\text{cm}^2$；

$\sigma=P/F=16000/20=800\ \text{kg/cm}^2$；

计算应力小于选用应力满足使用要求。

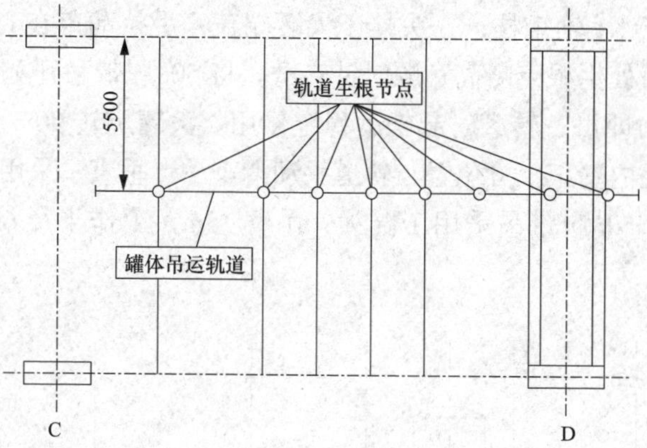

图 6-1　每台磨煤机安装一根轨道

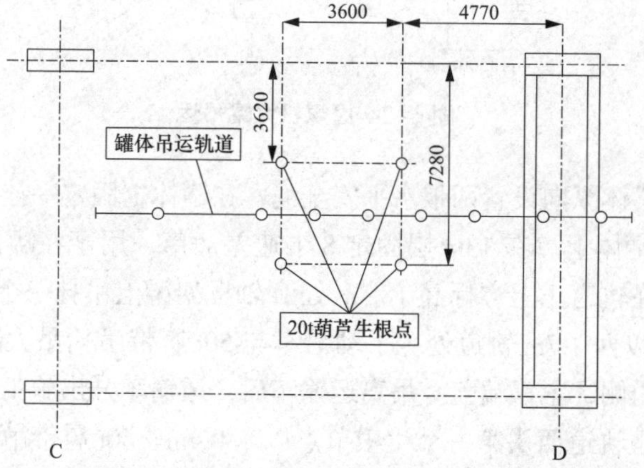

图 6-2　每台磨煤机上方吊挂 4 个 20t 手拉葫芦

3）罐体吊运方法，以 E 磨煤机为例。

装车：将制作好的转磨吊放至运输车上，转磨中心在运输车纵向中心线上。将运输车停靠至 A 磨基础西侧，具体位置为转磨中心在 A 磨主轴承基础纵向中心线上，距 D 轴以西 3.5m 处。此时转磨中心距 FZQ1380 塔吊距离为 33.5m，FZQ1380 塔吊工作半径为 33.5m 时，起吊重量为 37t。罐体重量为 32t，起吊重量小于吊车额定起吊重量的 90%。采用 ϕ39mm 的钢丝绳，绳长 18m。将罐体吊至运输车上，推力侧向南放置，罐体纵横中心位于转磨中心。

转磨：大罐由 D 轴与 K1 轴之间的通道北侧进入，停靠至 E 磨基础外侧，旋转中心位于两轴承座基础纵向中心线上，距 D 轴线以西 3.5m 处。布置一个 5t 葫芦，一头生根于K1轴钢柱，一头挂于大罐端盖，手拉葫芦在K1轴钢柱的生根点应必大罐端盖处生根点略高，顺时针转磨。将50t履带吊开至大罐北头兜吊大罐，钢丝绳受力即可，转磨时起辅助稳定作用。大罐旋转90° 转向完毕后，大罐东头端盖法兰内壁正上方位置与轨道手动滑车吊点垂直。采用ϕ39mm的钢丝绳，绳长16m。50t履带吊采用工况为，吊臂13m，工作半径6m，起重量24.6t（见图6–3）。

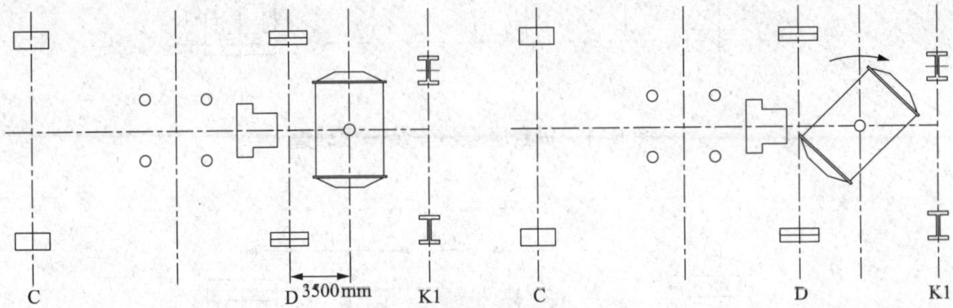

图6–3　磨煤机大罐吊运

倒运：沿罐体纵向设置两根水平安全绳，在罐体上固定一挂软爬梯，用于施工人员攀爬至罐体上。在13m层固定8个速差葫芦，用于在罐体上的施工人员挂置安全带。在轨道正上方标高18.7m处D轴框架梁上吊挂一个10t葫芦，葫芦钩子挂于D轴以西1.7m轨道处。手动滑车与50t履带吊抬吊大罐，吊点在大罐东西两侧端盖内侧，紧靠端盖。吊离运输车后，运输车开出施工区域。此时手动滑车受力位置距轨道西头第一个生根节点以东0.4m。50t履带吊采用工况为，吊臂13m，工作半径6m，起重量24.6t，吊车性能满足抬吊80%负荷要求。布置一个5t手拉葫芦，一头生根于磨煤机承力轴承基础东侧，一头生根于大罐东头端盖处。手动滑车与50t履带吊同时起钩，收紧5t葫芦，使大罐自西向东缓慢匀速移动。此次可将大罐向东移动4.5m，距D轴以东4.77m处的两个20t葫芦垂直距离还有0.7m。将大罐放置在枕木上。重新布置5t手拉葫芦，一头生根于大罐西头端盖处，一头生根于K轴立柱处。收紧5t葫芦后，D轴以东4.77m处的两个20t葫芦兜吊大罐东头，手动滑车吊大罐西头，50t履带吊脱钩。手拉葫芦与手动滑车同时起吊，大罐脱离枕木后，缓慢放松5t手拉葫芦，使大罐移动0.7m，D轴以东4.77m处的两个20t葫芦垂直受力，将大罐放置枕木上。将D轴以东8.37m处的两个20t葫芦也兜吊大罐东头。保持大罐水平起吊脱离枕木后，缓慢收紧D轴以东8.37m处的两个20t葫芦，同时缓慢放松D轴以东4.77m处的两个

20t葫芦，直至D轴以东8.37m处的两个20t葫芦垂直受力。此次可将大罐向东移动3.6m。将大罐放置在枕木上，将4个20t葫芦兜吊点同时向西移动1m。再次用4个20t葫芦与手动滑车同时将大罐吊起。保持大罐水平起吊脱离枕木后，缓慢收紧D轴以东8.37m处的两个20t葫芦，同时缓慢放松D轴以东4.77m处的两个20t葫芦，直至D轴以东8.37m处的两个20t葫芦垂直受力，将大罐放置在枕木上。此次大罐向东移动1m。将D轴以东4.77m处的两个20t葫芦松掉，将兜吊点换至大罐西头端盖以东1m处，葫芦完全受力后手动滑车脱钩。将大罐落至枕木上，此时大罐纵横中心线与基础纵横中心线重合，4个20t葫芦均垂直受力。

大罐移动至距D轴以东4.77m处的两个20t葫芦垂直距离还有0.5m时，用5t葫芦溜放罐体受力计算：画图得知当D轴以东4.77m处的两个20t葫芦垂直距离还有0.5m时，起吊绳总长度为8.73m，起吊绳与垂直受力的夹角为4.6°，则此时将大罐水平拉动的力$P=0.7/8.73\times16=1.28$t，选用5t葫芦满足使用要求。

就位：

a）大罐吊运时轴瓦未找正。选用ϕ39mm钢丝绳，绳长=16m。用4个20t葫芦兜吊大罐，逐渐拆除枕木将大罐落至地面。用5t葫芦向南转动大罐。移动距离为满足轴瓦找正要求即可。轴瓦找正完毕后做好定位标记，将球面座吊离基础。再用4个20t葫芦兜吊大罐，起吊时逐渐将大罐下部摆放好枕木。起吊高度达到1.3m时将大罐放置在枕木上，将大罐两空心轴与罐体组合，此时大罐重量为42t。组合完毕后，继续提升大罐，提升高度达到2.15m时，将球面座对原标记就位，清理球面座内部及轴承、轴颈表面。逐渐拆除枕木，将大罐慢慢落在轴瓦上。大罐倒运就位完毕。

b）大罐吊运时轴瓦找正完毕。将大罐两空心轴与罐体组合，此时大罐重量为42t。将球面座对原标记就位，清理球面座内部及轴承、轴颈表面。用4个20t葫芦兜吊大罐，逐渐拆除枕木，将大罐慢慢落在轴瓦上。大罐倒运就位完毕。

复查罐体轴颈水平度、轴承推力及膨胀间隙，油膛及瓦口侧间隙，用厚度为0.3mm的长塞尺插入深度为200～400mm；复查轴瓦间隙，推力侧内外侧应为（0.3±0.1）mm，承力侧外侧（5±1）mm，承力侧内侧（30±1）mm。检查大罐轴封间隙四周应均匀，安装刮油刀，安装轴封密封装置。

（5）大齿轮安装。大齿轮安装时使用20t交通汽车通过煤仓间D轴线与钢架K1间的道路运至磨煤机基础外侧，使用63t和两台5t卷扬机起吊卸车及就位。两台5t卷扬机分别布置在钢架K1轴线G3柱和G5柱根部，卷扬机用绳为

ϕ21.5mm，地锚绳使用 ϕ24mm 钢丝绳。卷扬机转向滑轮采用 16t 滑轮，起吊部位组成滑轮组，位置分别布置在煤仓间 C、D 轴线柱脚及 13.7m 层钢梁上，一半大齿轮重量为 8t，卷扬机钢丝绳平均受力为 2t。将罐体及大齿轮法兰的结合面、两半齿轮结合面螺丝和销孔的油污、毛刺、锈皮、凸痕和机械伤痕彻底清理干净，用卷扬机将大齿轮吊起至端盖上部位置，用 5t 手拉葫芦调整大齿轮位置与端盖法兰对齐，调整好后穿入连接螺栓同时将螺栓用手紧好。在大齿轮上部南北侧各挂上 1 只 5t 葫芦，将卷扬机钢丝绳松开并重新在罐体南侧挂好卷扬机钢丝绳。先提升南侧卷扬机再稍稍松动北侧手拉葫芦使罐体一点点向北转动直至到下部水平位置，用相同方法安装另一半大齿轮。在罐体转动过程中应注意卷扬机不可起升高度太大，否则会导致罐体突然转动发生事故。用螺旋千斤顶调整上半部齿轮，对齐结合面上的销孔，穿上两半齿轮的连接螺栓并用千斤顶螺栓将下半部齿轮提起与上半部齿轮对好。将连接螺栓紧固至扭矩值，用 0.1mm 塞尺测量结合面间隙，塞入深度不超过 25mm，在齿轮上布置 4 块百分表，径向、轴向各放置 2 块，将大齿轮分 8 个点，测量齿轮径向晃度应不大于 0.4mm，轴向晃度应不大于 0.25mm。

（6）衬板安装。衬板安装时使用塔吊将整箱衬板吊至磨煤机罐体前面，在罐体轴颈处安装轨道，中空轴内壁用木板或橡胶加以保护，使用电动葫芦将衬板吊入罐体中。安装时用卷扬机固定并注意平衡。衬板之间间隙调整至 10 ± 2mm，当每块衬板定位后，略微紧固每块衬板螺栓，当安装完所有衬板时，应用力矩扳手检查螺栓至力矩 250N · m。

（7）小齿轮安装。在小齿轮底座间加 3mm 垫片后重新紧固好螺栓，将小齿轮轴承盖打开，将轴吊出并妥善保管，清洗轴承油脂。将齿轮保护罩下部放到位，将小齿轮轴放入轴承箱内并重新加油脂，调整承力轴承在轴承座中心位置，盖上轴承盖并紧固。按设计要求初步调整小齿轮中心及标高，以大齿轮为基准测量大小齿轮的齿侧及齿顶间隙，共测 8 个点，齿轮顶间隙 5.0 ～ 7.5mm，允许偏差小于 1.25mm，齿轮侧间隙 1.4 ～ 2.18mm，齿轮左右允许偏差不大于 0.15mm。用色印法检查齿面接触情况，沿齿长方向不少于 60%，齿宽方向不少于 50%，接触面在齿中部。调整合格后，紧固地脚螺栓。

（8）减速机安装。底座间垫 3mm 垫片。以小齿轮为基准，找正减速机，轴径向偏差不大于 0.10mm。

（9）电动机安装。底座间垫 3mm 垫片。以减速机为基准，找正对轮，轴径向偏差不大于 0.06mm。

（10）慢速传动装置安装。调整并检查慢速传动装置和电动机的对中性，轴径向偏差不大于0.10mm。调整爪式离合器，使之闭合、脱开自如，无卡涩现象。检查合格后，紧固慢速传动装置的地脚螺栓。最终检查整个传动组联轴器的安装和对正性，如果检查都在要求范围内，进行二次灌浆。

（11）中空管、输送装置本体、输送装置绞笼和热风盒安装。

1）把中空管放入中空轴中，用临时垫片调整中空管使中空轴和管之间的间隙分步均匀，间隙应为5.5mm。

2）输送装置本体安装：将输送装置本体放到基座上，然后把中空管用螺栓连接到输送装置本体上，通过底板调整螺栓调整空气密封箱和中空轴上的密封环之间的轴向尺寸，偏差在 ±1mm 之内。调整中空管的同心度四周均匀。安装导向板和入口侧衬板。

3）输送装置绞笼安装：将绞笼的支撑杆放入衬板孔中，并把衬板孔、支撑杆、输送装置绞笼孔对直。在轴承座侧使用垫片，在另一端调节撑杆使中空管内的螺旋推进器对中心，临时检查一下同心度。

4）热风盒安装：用螺栓将热风盒连接到输送器体上。

5）输送装置的轴承部安装：把轴承部的毛毡密封圈浸入油中，油温在80±10℃之间，用垫片调整轴承座。把滚动轴承放入轴承座中，检查轴承的径向、轴向间隙应符合图纸要求。安装轴承端盖，给轴承加润滑脂。

6）螺旋输送器调整固定：再次调整支撑杆，检查间隙均匀。调整结束后焊接支撑杆螺母和保护板。按图纸要求安装支撑杆侧的上下探管，连接压差检测系统管路，安装密封风箱，在所有密封处接合面上涂一层密封胶。

（12）分离器、螺旋输送器连接管、煤粉管路安装。

（13）油水系统设备及管道安装。按图纸要求将油站固定，同时安装油水管路。油管路安装时注意不要遮挡隔音罩人孔门。管道及附件连接前应经过检查，不应有裂纹、砂眼、外伤等缺陷。阀门仪表应经过严密性试验并校验合格。管道安装完通油前应进行酸洗处理。回油管应有坡度，管道应布置整齐美观，阀门布置应便于操作且美观，固定应牢固。

（14）附件安装。按说明书要求安装大小齿轮护罩、隔音罩、平台爬梯等附件。

（15）消防蒸汽管道安装。按图纸要求施工，管道及支吊架根据现场实际情况布置，阀门布置应便于操作，符合规范要求。

二、中速磨煤机安装

1. 施工工序

设备开箱清点检查、设备的编号、设备的保管→基础检查、划线→地坪处理→台板安装找正→台板灌浆→齿轮箱安装→机座安装→机座密封装置安装→传动盘及刮板装置安装→机壳安装→磨环及喷嘴环安装→磨辊装置安装→磨辊密封风管道安装→压架及铰轴装置安装→找正磨辊→拉杆加载装置安装→分离器安装→排渣设备安装→电动机安装找正→稀油站、高压油站安装→安装机座平台、分离器栏杆→二次灌浆→系统管道安装。

2. 设备开箱清点、检查、设备的编号、设备的保管

（1）设备的开箱清点检查：设备的开箱应会同设备有关管理部门和设备厂家及业主共同进行。开箱后，按图纸及装箱单认真检查其规格是否正确，并清点数量，检查设备的外观是否有锈蚀、变形、损伤、漏焊及其他设备缺陷等情况，并做好记录。若发现有任何设备缺陷，应联系相关部门及时处理，开箱取出的厂家资料及专用工器具分别送相关部门保管。

（2）设备的编号：在设备开箱检查后，应据厂家资料及图纸做好设备的编号，保护设备在生产厂所做的装配标记，为安装创造条件。

（3）设备的保管：设备安装前的保管应按设备技术文件的要求进行，对于电动机、油站等的保管应注意防风雨、防碰撞，避免设备锈蚀及损坏。

3. 基础检查、划线

检查基础的外形尺寸、标高是否符合设计要求，各基础上的预留孔间距和垂直度都应符合验标要求。清理基础表面（除去表面疏松组织），基础表面不应有裂纹、蜂窝孔洞、剥落面、露筋及混凝土离析等缺陷，以厂房建筑的基准点划出磨煤机的纵横中心线和相对标高。

4. 地坪处理

将放置垫块和调整螺钉处的基础面刨平整，使垫块与调整螺钉能与台板均匀接触。

5. 台板安装找正

（1）清理各台板面上的油污、铁锈及防腐涂料等杂物，复查加工表面是否变形，平面度允许偏差小于0.1/1000。

（2）将齿轮箱台板和电动机台板就位。按基础中心线和台板中心线找正台板。使用水平尺测量台板的水平，用垫块和调整螺钉调整其标高，齿轮和台板水

平误差应小于0.1/1000，电动机台板水平误差应小于0.2/1000。

（3）将拉杆台板就位，用水平尺测量水平，误差必须小于0.2/1000，用调节螺栓调整其高度，注意检查拉杆台板铰轴中心和磨中心尺寸，尺寸偏差保证在3mm之内。

（4）台板找正结束后，预紧地脚螺栓，复查台板水平度，用橡胶垫等封死螺栓盒上端后，按要求进行一次灌浆。

（5）灌浆结束七、八天后，检查台板下灌注情况，不能存在空洞，然后终紧各地脚螺栓。

6. 齿轮箱安装

（1）清理台板加工面，核查水平度，垫起齿轮箱，清理底面的毛刺、杂物等。

（2）就位齿轮箱：齿轮箱下不允许加垫片，用台板四周的顶丝调整齿轮箱位置，未紧螺栓前用塞尺检查接触面，最大间隙应不大于0.1mm，中心线最大允许偏差为 ±0.4mm。

（3）测量齿轮箱输出法兰面水平度，允许偏差小于0.2mm

（4）齿轮箱找正结束，上紧地脚螺栓和顶丝，将齿轮箱固定。

7. 机座安装

（1）机座就位前先将加载油缸组件置于齿轮箱旁。

（2）按图纸所示位置将四块槽钢放在基础上，把机座放在槽钢上就位。通过槽钢上的垫片组调整机座顶面标高至设计值。以齿轮和输出法兰上面为基准找正机座的上部，其水平允许偏差小于3mm，找正机座中心孔与齿轮箱输出法兰同心度，允许偏差小于0.5mm。

（3）机座的中心和标高调好后，将机座下法兰和调整垫铁、槽钢一起焊接固定。

（4）安装地脚螺栓，按要求进行二次灌浆。

（5）灌浆强度达到要求后，紧固地脚螺栓，扣死止动垫圈。

8. 机座密封装置安装

（1）检查机座顶板过渡环中心孔与齿轮箱输出法兰同心度，允许偏差小于0.3mm。检查过渡环上加工平面的水平度，允许偏差小于0.2mm/m，合格后按要求将其焊接固定，焊接应采用小直径焊条，小电流，两侧同时施焊，防焊接变形，焊缝要确保气密性要求。

（2）将密封绳置于过渡环上，利用吊环螺钉将密封壳体就位于过渡环上，边紧螺栓边检查密封壳体与齿轮箱输出法兰的同心度，最后扣死止动垫圈。

（3）清理密封装置炭精环滑动槽，将炭精密封块装入滑动槽内，用胶带粘住限制其滑出槽外。

9. 传动盘及刮板装置安装

（1）清理齿轮箱输出法兰面，螺栓孔和传动盘下表面。

（2）将三个导向用的定位销拧入齿轮箱的输出法兰螺孔中，装上传动盘下部的围边挡环。

（3）吊起传动盘，与机座密封装置的密封环中心对准后，缓慢下落，同时对准三根导向定位销，下落过程中注意检查密封面间隙，控制其圆周均匀为1mm。

（4）用塞尺检查传动盘与齿轮箱输出法兰接合面，应密合接触，带上法兰连接螺栓后取下导向定位销，再将螺栓在对称方向上拧紧，最后扣死止动垫圈。

（5）检查刮板装置的内、外侧间隙，均应大于10mm，调整刮板下部和机座顶面的间隙，应为6～10mm，最后将刮板紧固螺栓焊死。

10. 机壳安装

（1）据图纸找准方位后，将机壳吊起就位在机座上，找正机壳中心位置，检查机壳水平度和标高，上、下部中心允许偏差小于3mm。

（2）用线锤复查机壳上拉杆密封中心线与拉杆座中心位置重合情况，允许偏差小于3mm。

（3）检查合格后，机壳同底座焊接。

11. 磨环及喷嘴环安装

（1）清理传动盘上平面、磨环下平面，涂抹一层MoS_2油脂，安装好传动销。

（2）吊磨环就位，用塞尺检查与传动盘的接触面，确认接触良好后静环就位。

（3）检查喷嘴内外与静环的间隙应为5mm，允许偏差为±0.5mm，检查合格后，用ϕ 20mm钢筋将静环上部与机壳焊接起来。

（4）按图要求将密封垫、法兰盖及锥形罩用螺栓固定在磨盘上。

12. 磨辊装置安装

（1）清理铰轴孔，涂MoS_2油脂，安装磨辊安装保持架，利用磨辊起吊工具将磨辊装置吊入机壳就位，就位时应将辊芯上的放油孔之一转到最低点，以便安装结束后放油，最后用螺栓将磨辊与保持架固定。

（2）拆下磨辊起吊工具，将磨辊找正杆插入磨辊端盖孔中，对磨辊初步找正，使三个找正杆尖端标高大概一致和对中。

13. 磨辊密封风管道安装

清理密封风系统，关节轴承、螺栓涂抹 MoS_2 油脂后，把密封风管路安装在磨辊辊架上，并密封严密。分离器安装前，先将密封风管固定在机壳上。

14. 压架及铰轴装置安装

（1）清理铰轴座，并在铰轴座、压架与拉杆、铰轴连接的部位仔细涂上 MoS_2 油脂。

（2）调正方向后，将铰轴座用螺栓固定在压架底部，缓慢将压架就位，校核压架与机壳导向装置间的间隙。

（3）清理铰轴表面，按图纸正确方向穿过铰轴座与辊架的铰轴孔中，并安装铰轴卡板，拆下磨辊安装保持架。

（4）找正磨辊，使找正杆尖端与磨中心线相交，三个尖端标高和对中偏差不超过 3mm，调整压架与机壳导向装置间隙，承载侧为零，非承载侧为 3 ～ 5mm，最后把压架导向装置用螺栓紧固在机壳上。

15. 拉杆加载装置安装

（1）将加载油缸组件置于齿轮箱旁，用销轴连接油缸下部轴承和拉杆台板，并锁死。

（2）安装机壳拉杆密封装置。首先拆下压架上部盖板，将拉杆小心穿过压架球面调心轴孔和机壳拉杆密封装置。

（3）用连接套连接油缸与拉杆，安装拉杆球面调心轴承、拉杆螺母及卡板，盖上压架上部的顶起盖板，调整连接套，使拉杆顶部与压架顶起盖板底部间隙为 5mm，之后在连接处旋入止动沉头螺钉，注意在调节过程中只可旋转连接套。

（4）按图纸要求安装拉杆防转装置。

16. 分离器安装

（1）根据机壳上密封管道和分离器上密封管道位置确定分离器的位置。将机壳与分离器法兰面清理干净，将密封绳放在机壳法兰上并涂密封胶。

（2）就位分离器，用螺栓将法兰连在一起。

（3）连接磨辊密封风管与分离器中的环形密封，并仔细密封好。

（4）把分离器的分离电动机按照图纸的要求安装好。

17. 排渣设备安装

对排渣设备进行安装，并将机壳与排渣口接合处密封好。

18. 电动机安装找正

（1）将两对轮加热后分别装在电动机和齿轮箱轴上。

（2）清理电动机底面和台板加工面、中间垫片，然后将电动机吊起就位，按验标要求找正对轮中心及间距，允许偏差小于0.08mm。

19. 稀油站与高压油站安装

（1）对稀油站冷油器做0.6MPa打压检查是否有泄漏。

（2）清理油站外部，检查连接油管的清洁度合格后，按图纸所示位置就位，并用膨胀螺栓固定。

20. 安装机座平台、分离器栏杆

按图纸要求安装机座平台、扶梯、分离器栏杆。

21. 二次灌浆

磨煤机整体安装结束后，检查验收合格即可进行二次灌浆。

22. 系统管道安装

系统管道包括密封风管道、防爆蒸汽管道、油系统管道和冷却水管道。管道安装布置应按图纸要求，注意保证管道布置整齐美观，固定牢固且严密不漏；布置在磨煤机本体周围的管道应考虑磨煤机受热后的膨胀。油系统管道必须采用氩弧焊；高压油系统管道须经酸洗除锈、钝化处理，并清理干净后方可连接装配，油系统的安装应保证其内部清洁。

三、风机安装

1. 离心式风机（包括密封风机、过燃风机及火监风机）

（1）离心式风机安装流程。设备开箱清点检查、设备的编号、设备的保管→设备运输→轴承及转子检查→基础检查、划线→刨地坪、垫铁配置→ 出入口风箱及转子室下部就位→控制导叶下部安装→推力、膨胀轴承台板就位→轴承座安装→进口调节门及转子组件安装→固定下部机壳及风箱→进口控制导叶上部安装→上机壳安装→电动机安装→膨胀节安装→附件安装→整体验收。

（2）设备开箱清点检查、设备的编号、设备的保管。

1）设备的开箱清点检查：设备的开箱应会同设备有关管理部门和设备厂家及业主共同进行。开箱后，按图纸及装箱单认真检查其规格是否正确，并清点数量，检查设备的外观是否有锈蚀、变形、损伤、漏焊及其他设备缺陷等情况，并做好记录。若发现有任何设备缺陷，应联系相关部门及时处理，开箱取出的厂家资料及专用工器具分别送相关部门保管。

2）设备的编号：在设备开箱检查后，应根据厂家资料及图纸做好设备的编号，注意检查，保护设备在生产厂所做的装配标记，为安装创造条件。

3）设备的保管：设备安装前的保管应按设备技术文件的要求进行，对于电动机、油站等的保管应注意防风雨、防碰撞，避免设备锈蚀及损坏。

4）本道工序存在人身伤害、机械伤害，实施责任人为 ××，验证责任人为 ××。

a. 施工人员应熟悉施工环境。

b. 设备摆放整齐，要分层放置，堆放不宜过高。

c. 起重作业严格按照规程作业。组合设备时施工人员应协调一致，严防挤手砸脚的发生。

（3）风机设备的运输。设备用吊车或汽车运到组合场或运到安装现场防止设备碰撞和受压变形，同时在设备二次倒运或在吊装时防止设备碰撞。

（4）基础检查、划线、刨地坪及垫铁配置。

1）基础检查。检查基础的外表面有无裂纹、蜂窝孔洞、剥落面、露筋及混凝土离析等缺陷。按照设备基础图纸检查基础外形尺寸、中心位置偏差以及基础与厂房建筑基准点的相对标高，对各地脚螺栓孔相对尺寸、深度及垂直度进行测量等。

2）基础划线。按图纸划出基础纵、横主中心线，与各地脚螺栓孔比较，调整后确定并划出设备安装的纵、横主中心线，然后以此为基准依次划出其他各设备的中心线。

3）刨地坪。将地脚螺栓孔封堵以避免进脏物，按图纸要求画出刨地坪位置，如图纸无具体要求，则首先在各地脚螺栓孔两侧刨制，其余位置按两垫铁间距离不大于 300mm 刨制。刨去混凝土浮层，地坪必须刨平、刨实、接触良好。

4）垫铁配置。垫铁配置采用“平垫铁 + 斜垫铁”的布置方式。斜垫铁选择 1∶15 斜度。垫铁配制前须将周围毛刺挫光，表面平整无油污。配制原则是最厚的放下面，最薄的放中间，每组垫铁不超过 4 块（一对斜垫铁算一块）。

（5）出入口风箱下部就位。首先检查风箱无变形，焊缝无裂纹和漏焊。将出入口风箱下部按已划出的中心线初步就位，穿装地脚螺栓，用垫铁将设备初步调平，机壳本体应垂直，出入口的方向和角度正确，地脚螺栓带上背母后螺栓露出 2 ～ 3μm。

（6）轴承座安装。

1）安装前首先对轴承进行检查，轴瓦无锈蚀、碰伤、过度磨损等缺陷。轴承检查完毕清理轴承室，确保它内部干净无杂物。

2）组合轴承室与台板，将台板上表面及轴承室下表面接触面清理干净，加注防护油；将结合面螺栓紧固完毕后用塞尺塞试检查，要求局部间隙不得大于

0.05mm。

质量标准：两轴瓦中心距偏差不大于2mm（按图纸要求考虑热膨胀预留间隙），要求纵横中心偏差不大于10mm，轴中心标高偏差不大于 ±10mm，水平度偏差不大于0.1mm。

3）安装中要注意的问题：注意轴承与轴承室的所有上下部组件（例如轴承室、轴封、压盖等）有无装配标记，安装时应对此进行检查，如有标记时必须按它的指示进行安装。为保证绝缘，所有连接螺栓都有绝缘套筒及垫片，轴承座装有塑料外衣，轴封及定位销采用绝缘材料，安装时要注意不要将绝缘件破坏及漏装。

（7）转子组件安装。

1）轴承座调整通过验收后方可安装转子组件。

2）首先将转子组件运至组合场，用龙门吊配合安装靠背轮及轴承，同时需特别注意加热的方式必须符合图纸或厂家说明书的要求，然后运至安装现场。安装前检查叶轮旋转方向、叶片弯曲方向应符合图纸，转子外观无裂纹、砂眼等缺陷。

3）转子组件吊装应用负荷足够的手动葫芦作为辅助吊挂工具，当轴中心距轴瓦100mm左右时，应用葫芦将转子落下，以保证转子的平稳就位。

4）测量轴水平、中心线偏差及热膨胀预留间隙合格后安装上部轴承盖。安装过程中需注意各法兰面的密封方式需符合图纸或厂家说明书要求。

5）测量合格后打入轴承盖的定位销，紧固连接螺栓。

（8）上部机壳及入口调节挡板安装。

1）固定下部机壳后，安装上部机壳及控制导叶。

2）安装前清理连接结合面，检查焊接结构的焊缝无裂纹、砂眼、咬边等到缺陷，铆接结构的铆接质量良好；检查入口调节挡板开启方向正确，叶片固定牢靠，与外壳膨胀间隙充足，调节操作装置灵活可靠动作一致，开度指示标记与实际相符。

3）在转动轴处加润滑脂，结合面加上密封垫片，螺栓紧固力矩要均匀，以防泄漏。

4）风机集流器与叶轮进风口的间隙应均匀。

质量标准：轴向插入深度、轴向间隙偏差及径向间隙应符合图纸要求，通常要求其上部间隙比下部间隙大1～2mm，以利热膨胀。

5）安装结束后将地脚螺栓进行一次灌浆。

（9）轴与机壳密封安装。割除机壳临时加固支撑，将焊瘤磨平磨光；然后安装密封件，要求密封间隙符合设备图纸的规定。

（10）电动机安装。将电动机台板吊放至基础上用垫铁调平，清理台板上台面及电动机下结合面；在电动机与台板间加垫一个 3 ～ 5mm 厚的垫片（视设备供货商要求而定），将连接螺栓紧固好后整体找正电动机与主轴靠背轮；电动机找正通过验收后对地脚螺栓进行一次灌浆。

质量标准：靠背轮轴向偏差、径向偏差要符合各风机图纸的规定。

（11）附件安装。安装冷却水系统、油系统及出入口膨胀节，对所有部件进行最后统一检查，确认无误后对垫铁进行点焊及二次灌浆。

将机壳内部清理干净、调节装置处关闭位置后对人孔门进行封闭。

2. 轴流式风机（包括送风机和引风机）

（1）施工工序流程。设备开箱清点检查、设备的编号、设备的保管→设备运输→基础检查、划线→刨地坪、垫铁配置→入口风箱及转子室下部就位→主轴承及叶轮安装调整→叶片油压调节装置安装及调整→入口风箱及转子室上部就位安装→扩压器安装→膨胀节安装→ 电动机安装调整→冷却风机安装（只有引风机有）→垫铁点焊、基础灌浆→ 油水管路安装→ 其他。

（2）施工方法。

1）设备开箱清点、设备编号、设备的保管：施工同离心式风机一样。

2）设备的运输：施工同离心式风机一样。

3）基础检查、划线、刨地坪及垫铁配置：施工同离心式风机一样。

4）入口箱及转子室下部就位：检查外壳无变形，焊缝无裂纹和漏焊。将入口箱及转子室下部按基础划线初步就位，穿装地脚螺栓，用垫铁将设备调平，地脚螺栓带上背帽后螺栓露出 2 ～ 3μm。

5）主轴承及叶轮、叶片安装：将主轴承按装配标记就位，盘车检查轴颈圆度、锥度、跳动及推力环的瓢偏度均不得大于 0.02mm。调整好主轴承的纵、横向中心线后固定。轴纵横中心偏差不大于 10mm，轴中心标高偏差不大于 10mm，纵横向安装水平偏差不大于 0.10mm。检查叶片表面应光洁平滑，无气孔疏松和裂纹等缺陷，叶片进出口边缘无缺口及凹痕，叶柄无尖角和裂纹等缺陷。按力矩要求紧固叶片，其固定螺栓紧固顺序按说明书要求进行。转动转子测量其轴向、径向跳动均不大于 2mm，调整叶轮外壳使叶轮与外壳间隙均匀并做好记录。叶片与机壳间隙大小要求按厂家说明书，无要求时为转子直径的 1/1000 ～ 2/1000，最小间隙不应小于转子直径的 1/1000。安装找正结束经验收合格进行下道工序。

6）中间轴安装：用临时托架将中间轴临时固定以便找正中间轴与主轴同心度。通过调整临时托架找正对轮同心度。找好后将中间轴与主轴连接固定。安装找正结束经验收合格进行下道工序。

7）入口风箱及转子室上部就位安装：按装配标记就位安装入口风箱及转子室上部，调整好后打入定位销，紧固好螺栓。注意：各部分连接不受强力连接，严禁壳体及转动部分受重力。

8）出入口挡板及扩压器安装检查挡板开启和关闭灵活正确，各叶片的开启和关闭角度一致，挡板的导轮沿轨道转动时无卡涩和脱落，注意挡板的安装方向，确保叶片板的开启方向应使气流顺着风机转向而进入，在每一个叶片的转动轴承处涂以二硫化钼润滑脂后安装。以转子室为准调整扩压器，打入定位销，穿装连接螺栓并固定，穿装地脚螺栓，上好背帽后露出 2 ～ 3μm。全部结束后对机壳及扩压器等所有本体部件地脚螺栓进行一次灌浆。

9）油压调节装置安装及调整：首先检查动叶连接杆及转换体转动、滑动灵活，然后安装旋转油密封及液压缸，调整液压缸与转子的同心度，要求偏差不大于 0.05mm。调整完毕后转动转子检查调整装置应转动灵活。

10）电动机安装：在台板与电动机接触面间加一块 3 ～ 5mm 厚铁板后再进行安装，安装中应注意机体的垂直度，方向符合厂家技术文件要求。电动机若有窜动，应保证其磁力中心偏差不大于 1mm，且均匀。联轴节中心找正严格按图纸和 DL 5190.2《电力建设施工技术规范　第 2 部分：锅炉机组》的要求进行。安装找正结束经验收合格进行地脚螺栓一次灌浆。

11）冷却风机安装：将风机吊放到基础上，找正其中心位置，然后用垫铁调整其标高及水平度。

12）二次灌浆：检查主轴、中间轴、电机轴的同心度及叶片与外壳的间隙，发现问题及时调整，全部合格后将全部垫铁配置合格后点焊，然后再次检查。检查调节装置的调节及指示应与叶片的转动角度一致，然后安装进出口膨胀节。经最终验收合格后进行二次灌浆。

13）油、水系统检查及安装：首先检查冷油器的严密性，做水压试验要求无渗漏，然后对油室进行清理封闭。对各油管用压缩空气吹扫并擦洗干净，然后进行油水系统的安装。风机油、水管路的安装首先应保证严密不漏，管路布置整齐美观，牢固可靠。管路坡度方向、大小按说明书要求。

14）轴封、对轮罩和进出口消音器等附件的安装：安装应符合图纸要求。轴封的安装要求下部密封间隙比上部间隙大 1 ～ 2mm，以避免机壳受热膨胀位移造成摩擦（指引风机）。

3. 一次风机安装

（1）施工工序。设备开箱清点检查、设备的编号、设备的保管→设备运输→基础检查划线→刨地坪、垫铁布置→壳体台板安装→轴承机壳安装→叶轮安装→集流器安装→进口导叶调节器安装→进气箱下部就位→主轴安装→进气箱上部就位→电动机安装→扩压器安装→入口导叶调节器组件安装→二次灌浆→机壳上部安装→油水管路安装→其他。

（2）施工方法。

1）设备开箱清点、设备编号、设备的保管：施工同离心式风机一样。

2）设备的运输：施工同离心式风机一样。

3）基础检查、划线、刨地坪及垫铁配制：施工同离心式风机一样。

4）壳体台板安装：清理台板上下面，将台板吊放到基础上，穿装好地脚螺栓后用垫铁找正其中心、标高及水平度。

5）轴承机壳安装：检查机壳无变形，清理机壳和轴承所有连接法兰面，将轴承机壳吊放到基础上，起吊采用两个吊点使用21.5mm钢丝绳，四股绳吊装就位。检查其出入口的方向正确后找正其标高及位置，细调轴水平。找正结束后进行一次灌浆。

6）二次找正机壳：重新找正机壳的标高和位置，细调轴水平。找正结束后将地脚螺栓按厂家要求的力矩紧固好。安装找正结束经验收合格进行下道工序。

7）叶轮安装：彻底清理叶轮，检查好其旋转方向正确后进行安装。安装时按厂家的力矩要求紧固叶轮压盘螺栓。

8）集流器安装：安装前检查外壳无变形，焊缝无裂纹和漏焊，然后按装配标记就位安装，安装中注意在结合面处加好密封绳。

9）进口导叶调节器安装：挡板的开启方向应顺气流安装，挡板开关灵活，开度与指示器读数一致，挡板的导轮沿轨道转动时无卡涩，在每一叶片的转动轴承处涂以二硫化钼润滑脂后安装，安装中注意在结合面处加好密封绳。

10）进气箱下部就位：检查进气箱外壳无变形，清理法兰面，然后就位。调整中心位置，粗调标高及垂直度。

11）主轴安装：用临时托架将主轴临时固定，调整好对轮的同心度后将主轴与叶轮紧固好。

12）进气箱上部就位：检查进气箱外壳无变形，清理法兰面，将进气箱上部就位后找正，找正结束连接进气箱与进口导叶调节器，对进气箱进行一次灌浆。

13）电动机安装：安装中应注意机体的垂直度，方向符合厂家技术文件要求。电动机若有窜动，应保证其磁力中心偏差不大于1mm，且均匀。联轴节中心找正严格按图纸和DL 5190.2《电力建设施工技术规范　第2部分：锅炉机组》的要求进行。安装找正结束经验收合格进行一次灌浆。

14）扩压器安装：检查扩压器各部分无变形，将扩压器两底部外套筒组合在一起，调整好后进行点焊。安装扩压器芯部，注意保持其圆度。安装上部扩压器套件，将整体扩压器校圆，点焊衬板，整体焊接。就位扩压器并将扩压器与其支腿组合好，将扩压器放在轨道上，以转子室为准调整扩压器，将扩压器与风壳连接起来，穿装轨道地脚螺栓。进行一次灌浆。

15）入口导叶调节装置及组件安装：就位入口导叶调节装置，找正其中心位置、标高及垂直度。检查连接杆及转换体转动灵活后进行连接安装。

16）二次灌浆：检查主轴、中间轴、电动机轴的同心度及叶片与外壳的间隙，发现问题及时调整，经验收合格后将全部垫铁点焊，进行二次灌浆。

17）机壳上部安装：检查外壳无变形，清理法兰面，将机壳上部就位并安装，法兰结合面处加好密封绳。

18）油水管路安装：对各油管用压缩空气吹扫并擦洗干净，然后进行油安装。风机油管路的安装首先应保证严密不漏，其次管路布置应整齐美观，牢固可靠。管路坡度方向、大小按说明书要求。

19）轴封、对轮罩等附件的安装：安装应符合图纸要求。

第四节　防腐保温施工

一、施工工序、方法及要求

1. 施工工序

炉本体附属设备保温：脚手架及安全设施的搭设→钩钉及外护板铁件安装→保温材料施工→铁丝网安装→外护板安装→脚手架及安全设施的拆除。

2. 施工方法及要求

（1）设备和材料的开箱、清点及运输：采用拖拉机或汽车作水平运输。人工开箱、清点、装卸，清点、运输时要分类，并按不同品种、规格进行。

（2）固定件、支撑件的安装。

1）按图纸要求把保温钉焊接在设备外表面，间距（250～350mm）×

（250 ～ 350mm）。

2）按图纸要求焊接 ϕ4mm × 40mm × 40mm 钢筋网。

（3）保温层敷设。施工前应将施工面油污、灰尘、垃圾清理干净，然后按各部位设计的层数和厚度逐层进行施工，敷设时四周可同时进行，由角部向中间推进，施工时每支钩钉均要从保温层中穿出，要求保温材料敷设平整，同层之间错缝，上下层之间压缝，拼缝严密，角部作成封盖式搭接缝，错缝压缝尺寸不应小于保温材料尺寸的 1/3，个别孔洞、空隙用同质纤维材料填满。保温层敷设完后，用压板压紧保温层。

（4）铁丝网附设。铁丝网采用普通六角网，施工时将铁丝网拉紧、张直并紧贴保温层铺设，铁丝网对接部位用铁丝扎接牢靠，铁丝网表面不应有铁丝断头露出，也不应有鼓包和空层现象。

（5）外护板安装。

1）铝合金压型板安装。

a. 按图纸由里向外、由下向上进行安装，各部件安装时要考虑与保温层施工之间的交叉。安装时用自攻螺钉固定在槽型带上，压型板上下搭接不应小于 50mm，左右搭接一波谷，搭接处用自攻螺钉固定，要求表面平整、美观，各部件位置、尺寸正确。

b. 安装压型板时，应充分考虑包角板连接等处，根据图纸要求用厚 1mm 的铝合金压型板。角部异形板下料时，外形尺寸按图纸和现场实际尺寸下料，然后按照各部位详图在折弯机上弯成合适的角度，然后按照详图由下向上、由里向外进行安装。制作时要保证角度、尺寸准确，安装时要保证露在外面一端的凸筋应正好盖住压型板的凸槽。

c. 安装裁剪外护板时，要进行实际测量，严禁采用目测、估算作法，要保证裁剪准确，整齐美观，开口尽量小，露在外面的压型板切割部位要进行打磨。施工中不能使用有明显的裂缝、折痕、锈迹的压形板；室外部分施工时压型板安装时最好与保温施工同时进行，以防保温材料被雨水淋湿。

2）铝合金平板安装。

a. 护板安装时由下向上进行，采用 ϕ3.2mm 的钻头钻孔、ϕ4mm × 12mm 自攻螺钉固定，螺钉间距 200mm。环向搭接长度为 30 ～ 50mm 且搭口朝下，轴向接缝要同管道坡度方向一致，要求环向接缝布置在隐蔽位置，水平管道的外护板的环向接缝应布置在斜上 45° 角位置。

b. 膨胀节处管道护板安装时要留出保温层搭接距离及拆卸螺栓的距离。

c. 膨胀缝处安装时，外护板搭接 75 mm，且搭接范围内不准打钉、固定。

d. 护板裁切时用专用工具裁切，严禁火焰切割，裁剪和钻孔时必须进行实际测量，严禁用估算方法，力求开孔最小，不影响膨胀即可，切割面上的毛刺要随手清理掉。

e. 膨胀节、吊架盒要做成可拆卸结构，统一用机械加工、咬口、刻线、翻边，要求尺寸准确，同管道外护板接触严密，室外部分为防止雨水要用密封胶进行密封。

二、成品保护和防止二次污染控制措施

（1）已安装外护板的设备、管道，严禁在其上动用电、火焊或作为起吊生根处及放置重物，严禁在平护板上行走、踩踏。

（2）在已装外护板的设备管道上方、周围进行电、火焊作业及排放酸洗的废液时，相关部门要采取可靠的防护措施，以免外护板损坏、污染。

（3）顶部外护板施工时要垫上脚手板，严禁直接踩踏在保温层上。

（4）施工期间要采取防雨应急措施，严禁保温材料雨淋、受潮。

（5）外护板运输时要采取可靠的包、垫等措施，避免外护板表面划伤、磕碰。现场存放时要有可靠的防碰坏措施。

（6）外护板下料、运输、安装时施工人员必须佩戴手套防止外护板上留下手印等痕迹，下料时必须铺垫地毯等软质垫子。

（7）脚手架拆除前，要用软布擦除外护板上留下的施工痕迹，拆除时要小心，防止碰坏外护板。

（8）同其他专业相交叉、配合时，要及时联系、提前布置，以免造成返工等。

三、质量标准指标及验收要求

（1）保温材料应检查相应材质证明以防错用。

（2）支撑件及钩钉安装间距均匀、平整，焊接牢固、可靠。

（3）保温层紧贴设备表面分层铺设，错缝压缝，层与层之间相互挤紧，绑扎牢固，膨胀缝留设合理，保温层厚度符合设计要求，抹面层外观平整、光滑、棱角整齐，固定铁件不外露，无裂纹。

（4）外护板紧贴支撑件安装，固定牢固可靠，固定用自攻螺钉或拉铆钉间距符合要求。

（5）外护板安装要平整、统一、美观。

第五节　风电机务安装

一、安装步骤

风电机基础交验及基础环的检查→设备的卸车→设备的检查→变频器、控制柜的安装→塔筒下安装→塔筒中安装→塔上安装→机舱的安装→叶片、轮毂的组装（风轮）→风轮的安装。

二、设备安装

1. 风机基础的准备工作

（1）法兰面倾斜度检查。用水准仪和标尺检查相隔 45° 的八个方向上（其中之一对应法兰对接标记）基础法兰面是否水平。测量点位于法兰外缘，每个方向最少测量两次，最终保证 8 个点中最高点和最低点之间的高度差保持在 2mm 之内。

（2）混凝土高度的检查。要求基础环内部混凝土地面离基础环上法兰的下表面的距离为 350 ± 20mm。

（3）电缆护管切割。将基础电缆护管切割至适当长度，使其离混凝土地面高度约 100 ～ 150mm。根据风机防雷要求，检查基础的防雷连接板上是否钻孔。

（4）电缆放置。放置基础至变压器的电缆，两端留出足够的长度，但不进行电气连接。

2. 塔筒安装

（1）塔筒卸车。

1）运输车将塔筒运到塔基附近，具体的卸车地点应视场地条件确定，在塔筒放置地点安放沙袋等固定物，防止塔筒在现场停放过程中意外受力导致塔筒滚动，塔筒在现场停放要距离地面至少 15cm。

2）挂好吊具后，缓缓提升吊钩，待塔筒脱离了运输车后吊车暂停，运输车迅速驶离工作地点，然后放落吊钩，将塔筒卸在指定的地点。如果由于客观原因不能一次将塔筒卸到指定的地点的，也可以在第一次的初卸车后做二次调整，直到将塔筒放到指定的地点。

3）卸下吊具。如短期内不进行吊装，不要拆掉塔筒两端的十字钢结构支撑架。

4）检查塔筒合格证，确认无误后要妥善保存；仔细查看塔筒的防腐涂层是否有破损或涂层不符合涂漆标准、塔筒内附属设施是否有缺失损坏、工作平台固定螺栓是否紧固等，如存在问题，用相机做好记录，较严重的要反馈，稍轻的就可自行处理。

（2）塔筒内电缆的铺设。

1）下段塔筒内电缆铺设。打开所有的电缆夹子，把电缆放进电缆夹，上紧上法兰下的第一个电缆夹子，然后依次拉紧电缆，并上紧电缆夹子，用塑料包好电缆头。

2）中段塔筒电缆的铺设。铺设方法同1）。

3）上段塔筒电缆的铺设。上段塔筒的中上部有一个电缆的转向器，即马鞍桥。因此电缆铺设的时候只需要铺到马鞍桥下面的第一个夹子和第二个夹子中间即可。从下往上依次上紧夹子，用扎带固定好接地线和电缆头，并用塑料包好电缆头。

（3）塔筒内踏板拆除，下塔筒中间隔板的拆除，安全绳铺设以及三段塔筒法兰面的清理。

（4）塔筒吊具的安装。

（5）塔筒吊装。在进行任何吊装工作前，都应对吊具规格进行确认，并对吊具进行安全检查，确保吊具完好。

1）塔筒下段吊装。

a. 检查清洁基础环法兰和塔筒下法兰面，在法兰面上呈S状涂抹一圈密封胶，防止渗水到塔筒里。

b. 将塔筒下法兰安装螺栓放到基础环平台内，摆放好，且将安装螺栓涂抹MoS_2。

c. 使用400t履带吊吊住塔筒法兰面上的两个塔筒吊具；50t吊车抬吊塔筒下法兰的1个塔筒辅助吊具。两车配合将塔筒立直，然后50t汽车吊摘钩，由400t履带吊单车将塔筒下段吊装就位。

d. 用导正棒调整相互位置，注意对准法兰标记位置，确保塔筒门的朝向正确；对称装上几个螺栓，慢慢放下塔筒，使底法兰相接触但保持吊绳处于受力状态，装上所有螺栓，用电动扳手预紧。

e. 与基础环底法兰固定好后，松开主吊车至不受力，但不脱钩，安装螺栓且紧固。

f. 吊车脱钩并拆除吊具，调整好液压扳手的力矩，按对角方向紧固下法兰螺栓。

2）中段塔筒和上段塔筒的吊装。塔筒就位时首先确认塔筒的安装方向要符合设计要求，如果法兰为一对一配对加工，还应找准对应标志，就位找正后按螺栓紧固步骤对角交叉拧紧螺栓。螺栓全部初紧后，吊车脱钩。

塔筒安装完成后，用经纬仪测量塔筒的垂直度，最大偏差不超过 45mm。上段塔筒安装与机舱的安装必须连续进行，否则，塔筒可能因风力（超过 18m/s）摆动过大造成损害。如果不能连续安装，必须与当地气象部门取得联系，确保在机舱吊装前不会有超过 18m/s 风速的信息，否则必须将塔筒顶部节拆下。

a. 中段塔筒的吊装：方法同下段塔筒。

b. 上段塔筒的吊装：塔筒的吊装和下段相同。

3. 机舱吊装

机舱主要由变速箱、发电机、动力传动系统、电气系统和控制系统等组成，机舱是风电场的核心部件，为组合后整体吊装。机舱在现场停放时要保证机舱支架水平，如果在山坡上停放要在支架下垫上枕木以保证机舱支架的水平。

（1）机舱以及机舱罩的卸车。

1）机舱的卸车。主机设备卸货摆放时，要视场地条件决定摆放位置，尽量减少二次搬运，并且要考虑到吊装与部件组装的并行作业问题。

a. 机舱与运输支架总重约 58t，需用 1 台 120t 汽车吊卸车，吊带 4 根。

b. 查点随机舱一同运来的各部件：油冷风扇及其安装吊架、避雷针、风速风向仪及其安装支架、塔基电控柜、舱内照明灯罩及灯管、航空灯控制盒、舱底挡油板。

2）机舱罩的卸车。所卸的机舱罩有三部分，即左、右机舱罩和上部机舱罩。在缓缓起升吊钩的同时，卸车人员要扶好机舱罩，避免因吊钩的不垂直晃动或风吹而碰坏机舱罩；还要注意上部机舱罩在水冷器下面有水管，现场停放时要在两侧用木方垫好，防止压破水管。

用 1 台 50t 吊车卸车，如机舱罩在运输及存放过程中比较脏，需用清水清洗机舱罩。

（2）机舱的组装。

1）油冷风扇及壳体吊挂组装。

a. 壳体吊挂安装：壳体吊挂的安装位置位于主机架上方，齿轮箱的顶部，利用外部吊车把壳体吊挂吊到安装位置。

b. 油冷风扇的安装：风扇的安装位置按照图纸施工，风扇电动机朝着通风孔，接线盒朝机舱尾部，利用外部吊车吊装油冷风扇。

c. 油冷管道连接：将齿轮箱高速轴引出的油管（齿轮箱油路进口）连接至油冷风扇油路出口，用管钳将油冷管道连接好（要注意管接头要安装正确，防止损坏丝扣，造成泄漏）；将油泵电动机下方左侧引出的油管连接至油冷风扇高点的左侧，连接标准同上；将油泵电动机下方右侧引出的油管连接至油冷风扇油路入口，连接标准同上。

2）机舱罩的吊装。

a. 拆去机舱边缘上的运输垫木。

b. 用吊车起吊左右机舱罩。

c. 用吊车起吊顶部机舱罩。

3）壳体吊挂上部弹性轴承的安装。壳体吊挂上部的弹性轴承，它与上部机舱罩连接就是依靠这个弹性轴承，它的作用是支撑上部机舱罩的同时还有减震的效果，并且能调节机舱罩的圆度。

4）接地线和避雷针的安装。

a. 接地线的安装。机舱里由现场安装的接地线有 9 处，前面顶上部机舱罩上有 3 处，其中中间的一处也承担着避雷针的接地任务，前部的左、右舱罩与左下、右下舱罩连接处各有 1 处接地，后部和前部相同的地方也有 4 处，只是少了中间的接地。

b. 避雷针的安装。在上部机舱罩前盖板的前方，有已经开好的 4 个避雷针安装孔，中间那个孔是接地用的，外面 3 个是用来固定避雷针的，安装用螺栓 M10 × 50mm（3 个），安装时要从上往下穿螺栓，把螺母装到机舱内侧。固定避雷针前，要在结合面上涂上密封胶。

5）水冷管接头的安装。这里的水冷管接头主要是水箱从后背板上方延伸出的进出水管的连接。将后背板上较短的一根水管连接至顶部机舱罩左侧管接头，较长的一根水管连接至顶部机舱罩右侧管接头。

6）航空灯接线盒的固定。

7）空灯的安装。航空灯安装时有一个调平仪，即航空灯的支架。装好支架后，再用螺栓将航空灯固定到支架上。

8）机舱内照明灯的安装。

9）风速风向仪的安装。

a. 安装风速风向仪合页和支架。

b. 安装风速风向仪。

10）通风罩的安装。通风罩的安装要等机舱吊装上塔筒以后才装配，将其放到上部机舱的后面，吊架的下面固定好。

11）联轴器和刹车盘罩子的拆卸。拆掉联轴器和刹车盘上的罩子，并把它们放到机舱后面。

12）机舱罩打密封胶。清理干净机舱罩的结合面处，用干净抹布除去里面的水分和灰尘，用胶枪打胶。

13）机舱内卫生。打扫以及主轴法兰的清理。

（3）机舱的吊装。注意：在进行任何吊装工作前，都应对吊具规格进行确认，并对吊具进行安全检查，确保吊具完好。

1）吊装专用吊具的试吊。在完成机舱的组装工作后，为了保证吊装的质量，同时也为了检验专用的吊具是否合适，因此在吊装前要先试吊一下机舱。

2）机舱的吊装。

a. 吊装前用篷布盖好机舱头部，将固定机舱和塔架的螺栓及固定叶轮的螺栓放置在机舱内，不要放到机舱头部或者逃生孔处，防止物品落下来砸伤人。

b. 将机舱专用吊具安装在机舱的四个吊点上，挂上吊钩。装上 2 根 150m 的风绳。

c. 拆掉运输支架，然后在机舱后部的左右机舱罩接缝位置和机舱两侧的脚踏板下方的位置各拧上一个定位销；起吊机舱时机舱纵轴线应处于偏离主风向 90° 的位置，以便于叶轮的安装。

400t 履带吊缓慢吊起机舱，当机舱起升到超出塔筒高度时，调整好机舱口的方向（便于吊装叶轮），对准塔筒螺栓孔缓慢落下机舱，当 3 个定位销全部进入塔筒螺栓孔时，安装人员迅速在 2 个定位销的两侧开始带螺栓，把能带的螺栓都带完后，继续下降吊钩直到 2 个法兰接触到一起，此时吊车保持 8t 以上的起重力，用电动扳手按十字方向各紧 5 颗螺栓后，再依次紧固剩下的所有螺栓，用电动扳手紧完所有的螺栓后，吊车起重力可降至 2t。

注意：塔筒平台上人员切忌把手放在法兰之间，可以扶在偏航侧面轴承的调节螺栓上；对接时，机舱尾部先坐在塔筒上，带上部分螺栓后再降低吊车，机舱前部才落在塔筒上；务必在机舱吊装前安装好定位销；准备管钳拆卸定位销。

d. 进入机舱，卸下吊具，准备叶轮安装。

4. 叶轮组合及安装

（1）轮毂部分。

1）轮毂的卸车。轮毂重约 18t，需用一台 50t 吊车卸车。

2）轮毂罩的清洗以及楔形盘的安装。检查轮毂罩外表，清洗干净轮毂罩和导流帽、楔形盘，清理变桨轴承的法兰面后，安装楔形盘。

（2）叶片部分。

1）叶片卸车。用 50t 吊车卸车，尼龙吊带拴挂到运输车辆上的叶片上，叶片上标有重心位置及吊点，在叶片底边和叶片法兰处拴挂溜绳，小心的起吊叶片，验证叶片成 3.5°（叶尖向上），起吊后，移走运输设备。叶片卸到安装准备位置。

2）防雨罩的安装。

（3）叶轮的组装。

1）叶轮组合安装前的检查。检查叶片叶尖与叶片编号是否对应，且表面是否有划痕和损伤，因为叶片表面稍有损坏就可能导致严重的声学故障，如有损伤及时联系厂家进行修复。

2）叶轮的组合。为叶轮的组合选择合适的组合场地，要求场地平整。并排铺放两块 4m×2m×0.2m 的垫板。用毡层、塑料罩把轮毂周围区域以及舱口盖住，在进行组装时，应穿上干净的鞋套，绝对禁止污物掉进轮毂内，以避免敏感电子元件和开式齿轮受损。准备 5kW、380V 的发电机一台，给变桨提供电源。

应用 GFK（纤维增强塑料）清洗叶片及待安装部位，叶片前端垫衬相应高度的方木且接触面衬海绵，以免划伤叶片。给叶片挂好吊具。

3）利用手动变桨控制盒把与主吊吊具相连的 2 个叶片的薄面转到下面，在变桨小齿轮与变桨轴承处用方木卡住防止转动，并各拉 2 根 150m 风绳。

4）卸下运输支架上的螺栓。

5）由 400t 履带吊和 50t 汽车吊两车配合起吊叶轮，离地后清洁。

（4）叶轮的吊装。

1）把工具通过机舱的小吊车吊进机舱。

2）主副吊车就位，挂好吊具，主吊车的吊具由吊链和吊带组成，给吊带涂上润滑剂，副吊车吊具只用了一轮毂法兰，涂防锈漆；卸下运输支架；在叶片上装好定位销，把定位用的螺栓上好。由 400t 履带吊吊装位于向上两个叶片根部的吊环，50t 汽车吊吊垂直向下的叶尖，两车配合将叶轮抬起，然后小吊车配合大吊车，缓缓将叶轮由水平状态倾斜（注意防止叶尖着地），待垂直向下的叶尖完全离开地面后，50t 汽车吊脱钩。

3）主吊车继续提升吊钩，直到叶轮的中心和主轴平行后，对接叶轮和机舱等所有的固定螺栓都对进后，穿上机舱里面准备好的安全螺栓，带上垫片和螺母，取下定位销换成安装用的螺栓。对角线方向按规定力矩紧固所有的螺栓，螺栓涂润滑脂。

4）用电动扳手依次紧固螺栓。

5）按顺序依次打完力矩，需要转动叶轮时，利用松闸器打开刹车。

三、质量验收

质量验收按 GB/T 19568《风力发电机组装配和安装规范》、GB/T 20319《风力发电机组　验收规范》的相关规定执行。

第七章　汽轮发电机组安装

第一节　汽轮机本体安装

一、汽轮机设备安装程序

1. 基础和设备的验收

基础的高程检查和各基础相对位置的检查；除了进行一般性的设备出厂合格证明书、外观、规格型号，以及数量等复检外，还要对汽缸、隔板、转子、轴承、主汽阀，以及其他零部件进行检查。

2. 汽轮机本体的安装

包括凝汽器的安装，低压缸、台板和轴承座的就位，汽缸的就位和找中，隔板的就位和找中，轴承找中，转子就位，通流间隙调整，汽缸下部汽管道连接等。

3. 其他安装

包括本体附件安装、油系统冲洗、蒸汽管道吹扫、液压油系统冲洗等。

二、安装技术要点

1. 低压缸组合安装技术要点

低压外下缸组合包括：低压外下缸后段（电动机侧）与低压外下缸前段（汽侧）先分别就位，调整水平、高程后试组合，符合要求后，将前、后段分开一段距离，再次清理检查垂直结合面，确认清洁无异物后再进行正式组合。

低压外上缸组合包括：先试组合，以检查水平、垂直结合面间隙，符合要求后正式组合。

低压内缸组合包括：当低压内缸就位找正、隔板调整完成后，低压转子吊入汽缸中并定位后，再进行通流间隙调整。

2. 高、中压缸安装技术要点

汽轮机高、中压缸是整体到货，现场不需要组合装配，但在汽缸就位前要测量运输环轴向和径向的定位尺寸，并以制造厂家的装配记录校核，以检查缸内的转子在运输过程中是否有移动，确保通流间隙不变。

3. 轴系对轮中心的找正

轴系对轮中心找正主要是对高中压对轮中心、中低压对轮中心、低压对轮中心和低压转子—发电机转子对轮中心的找正。在轴系对轮中心找正时，首先要以低压转子为基准；其次对轮找中心通常都以全实缸、凝汽器灌水至模拟运行状态进行调整；再次各对轮找中心时的开口和高低差要有预留值；最后一般在各不同阶段要进行多次对轮中心的复查和找正。

4. 凝汽器安装技术工艺和方法

凝汽器安装可分为两部分。一是凝汽器壳体的就位和连接。鉴于凝汽器结构尺寸相当庞大，其支承方式多采取直接坐在凝汽器基础上的支承形式。凝汽器与低压缸排汽口之间的连接，采用具有伸缩性能的中间连接段，其目的是使汽轮机组运行时其排汽部分不受凝汽器负荷变化的影响。二是凝汽器内部设备、部件的安装。包括管板、回热系统最后一级低压加热器、管束的安装、连接。凝汽器壳体内的管板、低压加热器的安装，在低压缸就位前就应当完成；管束则可以在低压缸就位之后进行穿管和连接。

三、工程质量验收

施工质量的验收符合 DL 5190.3《电力建设施工技术规范　第 3 部分：汽轮发电机组》和 DL/T 5210.3《电力建设施工质量验收规程　第 3 部分：汽轮发电机组》的相关规定。

第二节　发电机安装

一、发电机设备安装程序

发电机设备的安装程序是：定子就位→定子及转子水压试验→发电机穿转子→氢冷器安装→端盖、轴承、密封瓦调整安装→励磁机安装→对轮复找中心并连接→整体气密性试验等。

二、发电机定子安装技术要求

1. 发电机定子的卸车要求

发电机定子较重，如 300MW 型发电机定子重约 180 ～ 210t，600MW 发电机定子重约 300t，1000MW 发电机定子重量可达 400t 以上，一般由平板车运输进厂，利用经过改造后的行车卸车发电机定子，卸车方式主要采用液压提升装置卸车或液压顶升平移方法卸车。

2. 发电机定子的吊装技术要求

发电机定子吊装通常有采用液压提升装置吊装、专用吊装架吊装和行车改装系统吊装三种方案。例如：某电厂 600MW 机组发电机定子净重 320t，外形尺寸为 10400mm × 4600mm × 4300mm，主要是采用主厂房中的两台 80t 行车并在行车大跑上加装两台临时小跑，再配制吊梁同时抬吊就位的。

三、发电机转子安装技术要求

（1）发电机转子穿装前进行单独气密性试验，消除泄漏后应再经漏气量试验，试验压力和允许漏气量应符合制造厂规定。

（2）发电机转子穿装工作要求。必须在完成机务（如支架、千斤顶、吊索等服务准备工作）、电气与热工仪表的各项工作后，会同有关人员对定子和转子进行最后清扫检查，确认其内部清洁，无任何杂物并经签证后方可进行。

（3）发电机转子穿装，一般是根据制造厂提供的专用工具，采用滑道式方法，即在定子就位后，将大定子铁芯内敷设一块与铁芯弧度相吻合的弧形滑板，在转子前部安装一套滑移装置（滑靴），利用行车吊起转子，从励磁机侧将转子前部（低压缸侧）穿入定子内，落下转子使前部滑靴的重心落在定子内滑板上，后部（励磁侧）用已准备好的支架架好，将行车吊索移动到转子尾部，用千斤顶配合行车推装就位，或采用倒链将转子拉入到位。

四、工程质量验收

施工质量的验收符合 DL 5190.3《电力建设施工技术规范　第 3 部分：汽轮发电机组》和 DL/T 5210.3《电力建设施工质量验收规程　第 3 部分：汽轮发电机组》的相关规定。

第三节　管道安装

一、管材运输

管材运输，应清理道路上的障碍物。车运输必须有起重工或装卸工配合；手推车运输必须将管子绑扎牢固，装卸时起落一致；用滚杠运输不得用手直接调整滚杠，管子滚动前方不得有人。管材堆放应放稳放牢，不得乱堆乱放。

二、管道施工准备工作

总体来说，即要确保人力和物力方面的有效供应。在人力上，要聘用具备专业技术能力，掌握丰富的专业知识，持有相应等级的技术证明文书的人员担任电厂的压力管道安装技工。对于已聘用的技工，要及时做好再培训等训练。真正的人才性培养是与时俱进、创新式的培养。技工只有时时刻刻用知识武装自己，用实践操作过程中积累的经验丰富自己，不断通过实践来检验自己的认识，才能达到提高自身技能水平的目的。与其说这是一项近期的准备工作，不如说是一项长期的准备工作。在物力方面，要确保压力管道安装的施工材料和配件不仅符合法律、法规的相关规定和行业的基础性标准，还要与设计图纸的要求相吻合。尽量购买具有良好信誉形象和质量信得过的厂商生产的产品，购买入库的材料要做好防腐、防锈等防护性措施，避免存放过程中出现损坏的现象。

三、支吊架的安装

支吊架的最大作用是承重，为防止安装过程出现倒坍就必须保证吊支架外部不受到第三力量的干扰，因此，支吊架的正确制作与安装就显得尤为重要。吊支架是由根部、连接件、弹簧和管体四大部分组成。安装过程中，要严格依照设计需求进行。首先，吊支架的根部要稳而牢，拉杆本身也应该是笔直无变形，设计要求是偏装的就决不能进行垂直安装。其次，选用的弹簧要有标准的张力和受力。再次，管体安装的位置要通过从根部吊点放线的方式确定，非偏装设计要求的情况下，确保拉杆的垂直方向。

四、管道焊接

管道的焊接在管道安装过程中，意义非凡。在电厂压力管道的诸多事故中，由于焊接工艺不科学、不合理以及不规范等因素导致的问题占绝大多数。焊接过程中，要根据施工现场的特定要求对焊接材料进行必要的烘干，焊接完毕之后要进行及时的检验，确保焊接的科学和规范性。焊接的过程是一个系统总结的过程，焊接的依据是焊接工艺指导书，该指导书是依据施工的规范守则和施工的现场标准来制作的。焊接方法的确定并正确实施对焊接的有效进行至关重要。焊接方法要对焊接的材料筛选、工艺参数、预热处理、层间、热处理的温度和时间掌握的情况、材料的贮存和无损检测等方面进行有效验证，保证不同的材料能够选择正确的焊接方法。另外，在焊接过程中，要注意采用正确的方法对坡口进行加工，条件允许的情况下，可以采用等离子弧或氧乙炔的加工方式，从而保证坡口的形状与管道的接头相吻合，加工完毕之后，要对坡口处残剩的残渣、污渍、熔皮清理干净，保证焊接质量。注意，在定位焊接过程中，要雇佣资格相当的焊工进行焊接，此焊接过程中的焊接材料和焊接的工艺选择要与根部的焊道保持一致，即焊道和定位焊接的材料和工艺应该完全一样。

五、连接方法的选择

常用的连接方法包括法兰连接和焊接法连接。法兰连接常常被应用于承受压力不高且经常拆卸的部位，如阀门。使用法兰前，也要对法兰进行表面性检查，法兰表面要光滑无气孔、裂痕或毛刺，一切影响法兰承受力和连接性能的缺陷甚至瑕疵都必须予以避免，必须将这样的法兰排除在管道安装的应用中。对于契合性的配件要契合严密，如螺栓与螺母应配套使用且要拧合牢固与紧闭。焊接方法根据焊接时加热和加压情况的不同，通常分熔焊、压焊和钎焊三类。

熔焊是在焊接过程中将焊件接缝处金属加热到熔化状态，一般不加压力而完成焊接的方法。熔焊时，热源将焊件接缝处的金属和必要时添加的填充金属迅速熔化形成熔池，熔池随热源的移动而延伸，冷却后形成焊缝。利用电能的熔焊，根据电加热的方法不同，分为电弧焊、电渣焊、电子束焊和激光焊 4 种。熔焊的适用面很广，在各种焊接方法中用得最普遍，尤其是其中的电弧焊。

压焊是在加压条件下(加热或不加热)使焊件接缝连接在一起的焊接方法。在压焊过程中一般不加填充金属。压焊根据焊接机理的不同可分为电阻焊、高频焊、扩散焊、摩擦焊、超声波焊等。其中以电阻焊应用最广。多数压焊方法没有熔化过程，没有像熔焊那样有有益合金元素烧损和有害元素浸入焊缝的问题。但压焊的施焊条件苛刻，适用面较窄。

钎焊是用熔点比焊件低的材料(钎料)熔化后粘连焊件，冷却后使焊件接缝连接在一起的焊接方法。

六、工程质量验收

施工质量的验收符合 DL 5190.5《电力建设施工技术规范　第 5 部分：管道及系统》和 DL/T 5210.5《电力建设施工质量验收规程　第 5 部分：管道》的相关规定。

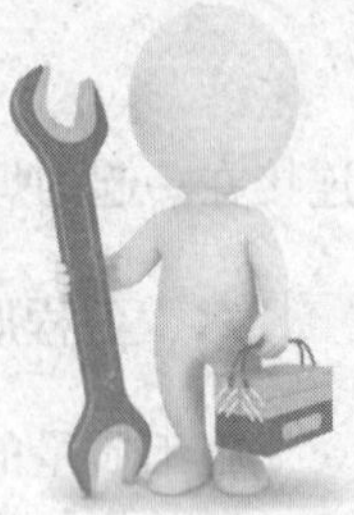

第八章　电气设备安装

第一节　变压器安装

一、设备及材料准备

（1）变压器应装有铭牌。铭牌上应注明制造厂名，额定容量，一、二次额定容量，一、二次额定电压，电流，阻抗，电压及接线组别等技术数据。变压器的容量、规格及型号必须符合设计要求。附件备件齐全，并有出厂合格证及技术文件。

（2）型钢：各种规格型钢应符合设计要求，并无明显锈蚀。

（3）螺栓：除地脚螺栓及防震装置螺栓外，均应采用镀锌螺栓，并配相应的平垫圈和弹簧垫。

（4）其他材料：电焊条、防锈漆、调和漆等均应符合设计要求，并有产品合格证。

二、主要机具

（1）搬运吊装机具：汽车吊、汽车、卷扬机、吊链、三步搭、道木、钢丝绳、带子绳、滚杠。

（2）安装机具：台钻、砂轮、电焊机、气焊工具、电锤、台虎钳、活扳子、榔头、套丝板。

（3）测试器具：钢卷尺、钢板尺、水平尺、线坠、摇表、万用表、电桥及测试仪器。

三、作业条件

（1）施工图及技术资料齐全无误。

（2）土建工程基本施工完毕，标高、尺寸、结构及预埋件强度符合设计要求。屋面、屋顶喷浆完毕，屋顶无漏水，门窗及玻璃安装完好。室内粗制地面工程结束，场地清理干净，道路畅通。

四、操作工艺

1. 设备点件检查

（1）设备点件检查应由安装单位、供货单位会同建设单位代表共同进行，并做好记录。

（2）按照设备清单，施工图纸及设备技术文件核对变压器本体及附件备件的规格型号是否符合设计图纸要求，是否齐全，有无丢失及损坏。

（3）变压器本体外观检查无损伤及变形，油漆完好无损伤。

（4）绝缘瓷件及环氧树脂铸件有无损伤、缺陷及裂纹。

2. 变压器二次搬运

变压器二次搬运应由起重工作业，电工配合。最好采用汽车吊吊装，也可采用吊链吊装。

变压器搬运时，应注意保护瓷瓶，最好用木箱或纸箱将高低压瓷瓶罩住，使其不受损伤。

变压器搬运过程中，不应有冲击或严重震动情况，利用机械牵引时，牵引的着力点应在变压器重心以下，以防倾斜，运输倾斜角不得超过15°，防止内部结构变形。

大型变压器在搬运或装卸前，应核对高低压侧方向，以免安装时调换方向发生困难。

3. 变压器安装

变压器就位可用汽车吊直接甩进变压器室内，或用道木搭设临时轨道，用三步搭、吊链吊至临时轨道上，然后用吊链拉入室内合适位置。

变压器就位时，应注意其方位和距墙尺寸要与图纸相符，允许误差为±25mm，图纸无标注时，纵向按轨道就位，横向距墙不得小于800mm，距门不得小于1000mm。

4. 附件安装

变压器安装完成后，安装附件。

5. 变压器的交接试验

变压器交接试验的内容：

（1）测量线圈连同套管一起的直流电阻。

（2）检查所有分接头的变压器的变压比。

（3）检查三相变压器的接线组别和单项变压器引出线的极性。

（4）测量线圈同套管一起的绝缘电阻；线圈连同套管一起做交流耐压试验。

6. 变压器送电前检查

变压器送电试运行前做全面检查，确认符合试运行条件时方可投入运行。变压器试运行前，必须由质量监督部门检查合格。

变压器试运行前的检查内容；

（1）各种交接试验单据齐全，数据符合要求。

（2）变压器应清理、擦拭干净，顶盖上无遗留杂物，本体及附件无缺损。

（3）变压器一、二次引线相位正确，绝缘良好。

（4）接地线良好。

（5）通风设施安装完毕，工作正常。

（6）标志牌挂好，门装锁。

7. 变压器送电试运行验收

（1）送电试运行。

变压器第一次投入时，可全压冲击合闸，冲击合闸时一般可由高压侧投入。变压器第一次受电后，持续时间不应少于10min，无异常情况。

变压器应进行3～5次全压冲击合闸，并无异常情况，励磁涌流不应引起保护装置误动作。

变压器试运行要注意冲击电流，空载电流，一、二次电压，温度。并做好详细记录。

变压器空载运行24h，无异常情况，方可投入负荷运行。

（2）验收。

1）变压器开始带电起，24h后无异常情况，应办理验收手续。

2）验收时应移交下列资料和文件：

a. 变更设计证明。

b. 产品说明书、试验报告单、合格证及安装图纸等技术文件。

c. 安装检查及调整记录

五、质量标准

电力变压器及其附件的试验调整和器身检查结果，必须符合施工规范规定。

高低压瓷件表面严禁有裂纹损伤和瓷釉损坏等缺陷。

变压器安装位置应准确，器身表面干净清洁，油漆完整。变压器与线路连接应符合下列规定。

（1）连接紧密，连接螺栓的锁紧装置齐全，瓷套管不受外力。

（2）零线沿器身向下接至接地装置的线段，固定牢靠。

（3）器身各附件间连接的导线有保护管，保护管、接线盒固定牢靠，盒盖齐全。

（4）引向变压器的母线及其支架、电线保护管和接零线等均应便于拆卸，不妨碍变压检修时移动。各连接用的螺栓螺纹漏出螺母 2 ～ 3 扣，保护管颜色一致，支架防腐完整。

（5）变压器及其附件外壳和其他非带电金属部件均应接地，并符合有关要求。

第二节　室内线路安装

一、敷设要点

（1）不得损坏电缆沟、隧道、竖井、人孔井的防水层。

（2）电缆应从电缆盘的上端引出。

（3）用机械敷设时，机械牵引力不得大于电缆允许牵引强度。

（4）有防止电缆铠装压扁、电缆绞拧、护层断裂、绝缘破损等机械损伤的措施。

（5）黏性油浸绝缘电缆最高点与最低点之间的位差应符合制造厂规定。

（6）绝缘电缆切断后，要立即做好防潮密封。

（7）并列敷设电缆，有中间接头时应将接头位置错开。明敷电缆的中间接头应用托板托置固定。直埋电缆的中间接头盒外面应有防止机械损伤的保护盒。

（8）电缆敷设中应及时整理，做到横平竖直、排列整齐，避免交叉重叠。及时在电缆终端中间接头、电缆拐弯处、夹层内、隧道及竖井的两端等地方的电缆上装设标志牌。标志牌上应标明电缆线路的编号、电缆型号、规格与起讫地点。

二、防火措施

在电缆穿过的竖井、墙壁、楼板、进盘孔洞处，用防火堵料密实封堵；在电缆沟和隧道内设置阻火墙；采用阻燃型电缆；设置报警和灭火装置。

三、质量验收

工程质量验收按 DL/T 5161.1 ～ 17《电气装置安装工程质量检验及评定规程 合订本》的相关规定执行。

第三节 室外线路施工

室外线路的形式有输送电力的高压架空电力线路、配电用的低压架空电力线路以及直埋电缆、电缆沟和电缆隧道内电缆、保护管内电缆等。

一、35kV 以下架空电力线路施工

架空电力线路安装程序：挖电杆和拉线坑→基础埋设→电杆组合→横担安装→绝缘子安装→立杆→拉线安装→导线架设。

架空电力线路电杆组立后进行拉线安装及调整，方可以进行导线架设。导线架设程序：导线展放→导线的连接→紧线→绝缘子上导线固定和跳线连接。

电杆上的电气设备安装应牢固可靠，电气连接应接触紧密，不同金属导体连接应有过渡措施，瓷件表面光洁无裂纹、无破损。

二、接户线施工

低压架空进户管宜采用镀锌钢管，其管口应装有防水弯头。入户处螺栓固定式横担应在建筑外墙装饰工程结束后安装。同一回路的相线和中性线必须穿在同一进户管内。

接户线架设时，应先绑扎杆上一端，后绑扎进户端。

三、室外电缆敷设

对电缆及其附件的外观和电缆结构进行现场检查。

电缆在施放前必须进行绝缘电阻测量、直流耐压及泄漏电流测量、充油电缆的绝缘油试验。直埋电缆敷设要求：

（1）电缆埋设深度距地面不应小于 0.7 m。

（2）与其他地下管线交叉时要保持规定的距离，严禁平行敷设在其正上、正下方。

（3）不应受到化学、动物和人为等其他原因的损坏。

（4）人工开挖电缆沟时，沟两侧应留置边坡，防止塌方。

（5）电缆敷设时的弯曲半径不应小于电缆允许弯曲半径。

四、质量验收

工程质量验收按 DL/T 5161.1 ～ 17《电气装置安装工程质量检验及评定规程 合订本》的相关规定执行。

第四节 通电检查试验及调试要求

检查顺序要先进行二次回路通电检查试验，然后再进行相应的一次回路试运行。

一、二次回路通电检查试验注意事项

（1）按通电回路编制通电检查大纲。

（2）检验与回路有关的一、二次设备安装接线应全部完成，所有的标志应明显、正确、齐全。

（3）回路中继电器、变送器和仪表等有关部件应校验合格。

（4）具备可靠的操作、信号和合闸等各系统用的交、直流电源。

（5）回路经过绝缘电阻测定和耐压试验合格。

二、通电检验步骤

受电系统的二次回路试验合格，其保护定值已按设计整定完毕。受电系统的设备和电缆绝缘良好。安全警示标志和消防设施已布置到位。

按已批准的受电作业指导书，组织新建电气系统变压器高压侧接受电网侧供电，通过配电盘按先高压后低压、先干线后支线的原则逐级试通电。

试通电后系统工作正常，可进行新建工程的单机试运行。

三、质量验收

工程质量验收按 DL/T 5161.1 ～ 17《电气装置安装工程质量检验及评定规程 合订本》的相关规定执行。

第五节　电力电缆的交接试验内容

一、电力电缆的交接试验内容

电力电缆的交接试验内容有：测量绝缘电阻；直流耐压试验及泄漏电流测量；交流耐压试验；测量金属屏蔽层电阻和导电体电阻比；检查电缆线路两端的相位；充油电缆的绝缘油试验；交叉互联系统试验。

二、交接试验注意事项

（1）在高压试验设备和高电压引线周围，均应装设遮拦并悬挂警示牌。

（2）进行高电压试验时，操作人员与高电压回路间应具有足够的安全距离。

（3）高压试验结束后，应对直流试验设备及大电容的被测试设备多次放电，放电时间至少 1min 以上。

（4）凡吸收比小于 1.2 的电动机，都应先干燥后再进行交流耐压试验。

（5）断路器的交流耐压试验应在分、合闸状态下分别进行。

（6）除制造厂装配的成套设备外，进行绝缘试验时，宜将连接在一起的各种设备分离开来单独进行。

（7）做直流耐压时，试验电压按每级 0.5 倍额定电压分阶段升高，每阶段停留 1 min，并记录泄漏电流。

三、质量验收

工程质量验收按 DL/T 5161.1 ～ 17《电气装置安装工程质量检验及评定规程　合订本》的相关规定执行。

第六节　母线安装

一、硬母线安装

硬母线的材质必须有出厂试验报告和合格证，且符合设计要求。

安装在同一水平面或垂直面上的支持绝缘子、穿墙套管的顶面应在同一平面上。

工作电流大于1500A时，每相母线固定金具或其他支持金具不应构成闭合磁路。

母线间或母线与设备端子间的搭接面应接触良好。铜质设备接线端子与铝母线连接应通过铜铝过渡段。母线与地或栅栏等的净距、母线的冷缩热胀、母线夹的间隙等应符合设计要求。

母线通过负荷电流或短路电流时产生发热的胀伸能沿本身的中心方向自由移动。

二、封闭母线安装

封闭母线安装的一般程序：封闭母线开箱检查→核对设备位置及支架位置尺寸→封闭母线单元段就位→找正固定→导体连接→外壳连接→电气试验→封闭母线与设备连接。

封闭母线不得用裸钢丝绳绑扎起吊，不得任意在地面上拖拉。

母线和外壳间应同心，其误差不得超过5mm，相邻段连接的母线及外壳应对准，接合面应密封良好。

母线焊接应在母线全部就位并调整合格，绝缘子、电流互感器经试验合格后进行。

三、质量验收

工程质量验收按DL/T 5161.1 ～ 17《电气装置安装工程质量检验及评定规程 合订本》的相关规定执行。

第九章　热控设备安装

第一节　取源部件及敏感元件安装

一、仪表测点的开孔和插座的安装

1. 仪表测点的开孔

测点开孔位置应以设计或制造厂的规定进行。如无规定时，可根据工艺流程系统图中测点和设备、管道、阀门等的相对位置，依据 DL 5190.4《电力建设施工技术规范　第 4 部分：热工仪表及控制装置》的规定按下列规则选择。

测孔应选择在管道的直线段上。测孔应避开阀门、弯头、三通、大小头、挡板、人孔、手孔等对介质流速有影响或会造成泄漏的地方。

不宜在焊缝及其边缘上开孔及焊接。

取源部件之间的距离应大于管道外径，但不小于 200mm。压力和温度在同一地点时，压力测孔必须选择在温度测孔的前面（按介质流动方向而言），以避免因温度计阻挡使流体产生旋涡而影响测压。

在同一处的压力或温度测孔中，用于自动控制系统的测点应选择在前面。

高压等级以上管道的弯头处不允许开凿测孔，测孔距管道弯曲起点不得小于管子的外径，且不得小于 100mm。

取源部件及敏感元件应安装在便于维护和检修的地方，若在高空处，应有便于维修的设施。

测点开孔，一般在热力设备和管道正式安装前或封闭前进行，禁止在已冲洗完毕的设备和管道上开孔。如必须在已冲洗完毕的设备和管道上开孔时，需证实其内没有介质，并应有防止异物掉入管内的措施。当有异物掉入时，必须设法取出。测孔开孔后一般应立即焊上插座，否则应采取临时封闭措施，以防止异物掉入。

根据被测介质和参数的不同，在金属壁上开孔可用下述方法：在压力管道和设备上开孔，应采用机械加工的方法；风压管道上可用氧乙炔焰切割，但孔口应磨圆锉光。

使用不同的方法开孔时，应按下列步骤进行。

（1）使用氧乙炔焰切割开孔的步骤：用划规按插座内径在选择好的开孔部位上划圆；在圆周线上打一圈冲头印，用氧乙炔焰沿冲头印内边割出测孔（为防止割下的铁块掉入本体内，可先用火焊条焊在要割下的铁块上，以便于取出割下的铁块）用扁铲剔去溶渣，用圆锉或半圆锉修正测孔。

（2）使用机械方法（如电钻）开孔的步骤：用冲头在开孔部位的测孔中心位置上打一冲头印；用与插座相符的钻头进行开孔，开孔时钻头中心线应保持与本体表面垂直；孔刚钻透，即移开钻头，清除孔壁上的铁片；用圆锉或半圆锉修去测孔四周的毛刺。

2. 插座的安装

测温元件插座在安装前，必须核对插座的形式、规格和材质，应与设计相符，丝扣应与测温元件相符。对于材质为合金钢的插座必须进行光谱分析并做记录和标识。

插座安装应遵照焊接与热处理的有关规定及下列要求：

（1）插座应有焊接坡口，焊接前应把坡口及测孔的周围用锉或砂布打磨，并清除测孔内边的毛刺。

（2）插座的安装步骤为找正、点焊、复查垂直度、施焊。焊接过程中禁止摇动焊件。合金钢插座点焊后，必须先预热方可施焊。焊接后的焊口必须进行热处理。预热和热处理的温度，根据材质的不同按焊接专业的有关规定进行。插座焊接或热处理后，必须检查其内部，不应有焊瘤存在。

（3）测温元件插座焊接时，应有防止焊渣落入丝扣的措施，带螺纹的插座焊接后应用合适的丝锥修整一遍螺纹。

（4）插座焊接后，应采取临时措施将插座孔封堵，以防异物掉入。

二、测温元件的安装

测温元件在安装前，应根据图纸核对其型号、规格和长度。

1. 一般测温元件的安装

测温元件的插入深度应符合下列要求：

高温高压蒸汽管道的公称通径等于或小于250mm时，插入深度宜为70mm；

公称通径大于 250mm 时，插入深度宜为 100mm。

一般流体介质管道的外径等于或小于 500mm 时，插入深度宜为管道外径的 1/2；外径大于 500mm 时，插入深度宜为 300mm。

对于烟、风及风粉混合物介质，有效深度为管道外径的 1/3 ～ 1/2。

回油管道上测温元件的测量端，必须全部浸入被测介质中。

测温元件应安装在能代表被测介质温度处，避免装在阀门、弯头以及管道和设备的死角附近。

当测温元件插入深度超过 1m 时，应尽可能垂直安装，否则应有防止保护套管弯曲的措施，例如加装支撑架等。

在介质流速较大的低压管道或气粉混合物管道上安装测温元件时，应有防止测温元件被冲击和磨损的措施。

对于承受压力的插入式测温元件，采用螺纹或法兰连接时，必须严格保证其结合面处的密封。

安装在高温高压蒸汽管道上的测温元件，应与管道中心线垂直。低压管道上的测温元件倾斜安装时，其倾斜方向应使感温端迎向流体。

水平安装的热电偶或热电阻，其接线盒的进线口应向下，以防杂物落入接线盒内。

2. 测量金属壁温的测量元件的安装

安装前应核对要安装的热电偶的规格、型号。

检查热电偶的绝缘是否符合要求。

依据图纸确定安装位置。

用锉刀或砂布将取样点打磨光。

尺寸和长度与图纸相符。

将集热块插孔垂直向上，贴在取样管壁上焊牢。将校验合格的热电偶调直，用万用表测量热电偶正常后，经电缆管上端的热偶卡套插入电缆管，由电缆管下端穿出。在电缆管下端安装电缆卡套及金属软管，引至集热块处。

把集热块插孔密封胶布打开，将热电偶测量端套上耐高温黄蜡管约 1m 长以保护铠偶，再将热电偶测量端头插入集热块插孔，插到底保证热电偶与集热块紧密接触，然后用顶丝将热偶测量端固定牢固。将电缆管上端热偶卡套卡紧，并将热偶的剩余部分盘成圆捆绑牢，平放在电缆托盘里，将热偶头固定在托盘侧壁上。安装完毕后校验热偶是否正常，如异常应对热偶进行检查，修复后重新安装。

三、压力取样装置的安装

1. 液体和蒸汽压力取源装置的安装

取压测点的位置符合设计要求并选择在流速稳定的直管段上。

测量介质为液体或蒸汽时，取压口选在水平中心线上或下 45° 夹角内，以避免渣滓的沉淀。

测量值低于 0.1MPa 的压力取样点，其标高应尽量接近仪表，以减少由于液柱引起的附加误差。

汽轮机润滑油压测点应选择在油管路末段压力较低处。

2. 烟风系统取压装置的安装

烟风取压测点的位置，应能正确反映系统内介质的真实参数，测点符合设计要求。

测量带有灰尘或气粉混合物等混浊介质的压力时，应采用具有防堵和吹扫结构的取压装置。

在炉墙、垂直管道或烟道上，取压管应倾斜向上安装，且与水平线所成夹角应大于 30° 。

在水平管道上，取压管应在管道上方，并与介质流向呈锐角安装。

风压取压孔径与取压装置外径一致，以防堵塞，取压装置应有吹扫用的堵头和可拆卸的管接头。

压力取源部件端部不超出主设备或管道的内壁，取压孔与取源部件周围无毛刺。

炉膛压力测点的开孔左右两侧一致，一次风压的取样位置考虑炉膛压力对其的影响。

四、工程质量验收

施工质量的验收符合 DL 5190.4《电力建设施工技术规范　第 4 部分：热工仪表及控制装置》和 DL/T 5210.4《电力建设施工质量验收规程　第 4 部分：热工仪表及控制装置》的相关规定。

第二节　就地仪表及控制仪表安装

一、就地压力仪表和差压仪表的安装

1. 安装地点的选择

仪表应安装在便于观察、维护和操作，并且离取样点近的地方。

仪表安装地点应避开强烈震动源，否则应采取防震措施。

仪表安装的环境温度应符合制造厂的规定。

当测量介质为蒸汽或液体时，仪表应安装在取样点的下方；如测量介质为气体时，仪表应安装在取样点的上方。

测量真空的仪表应安装在取样点的上方。

2. 就地压力仪表的安装

就地压力仪表的安装高度一般为1.5m左右，以便于读数、维修。

当介质温度大于70℃时，就地压力仪表阀门前应加装环形管或U形管。环形管和U形管的弯曲半径不得小于导管半径的2.5倍。

仪表导管可在仪表阀门前或后用支架固定，导管中心线离墙距离应在120～150mm之间。

当两块仪表并列安装时，仪表外壳间距离应保持30～50mm。

就地压力仪表安装时必须使用相应的死扳手，不得用手旋转压力表外壳。

就地压力仪表安装后，不得承受机械应力，以免损坏或使指示不准。

3. 就地差压仪表的安装

就地差压仪表的安装高度一般为仪表刻度盘的中心离地面1.2m。

就地差压仪表的正、负压侧的管路不得接错。差压仪表前的导管上应安装三通阀组，或安装由三个针型阀门构成的阀门组。

就地差压仪表的导管应装有排污阀门，且应便于操作和维护。排污阀门下应装有便于监视排污状况的排污漏斗与排水管。排水管引至地沟。

二、压力和差压变送器安装

1. 安装位置的选择

变送器的安装位置应尽量靠近取源部件，使测量导管尽量短。

安装地点应避开强烈震动源和电磁场，环境温度应符合制造厂的规定。

变送器应安装在便于操作和维护的地方。

测量介质为蒸汽或液体时，变送器应安装在取样部件的下方；测量介质为气体时，变送器应安装在取样部件的上方，否则，应采取排水和放气措施。

2. 变送器的安装

安装前应依据图纸核对变送器的规格、型号和量程范围等是否与设计相符。

变送器采用支架安装方式，或安装在保护箱内。

变送器安装时使用变送器厂家提供的固定板和U型卡子，把变送器安装在固定架上，安装和紧固过程中不可使变送器受力，禁止扭动变送器膜室上部的转换器。

被测介质为液体时，应使变送器的泄放阀在上方，以便排除被测介质中的气体；被测介质为气体时，应使变送器的泄放阀在下方，以便排放积聚的液体。

3. 变送器导管敷设注意事项

导压管应尽可能短。

在测量液体和蒸汽时，导压管应以不小于1∶100（差压管路为1∶12）的倾斜度，从变送器向上一直接到取源部件。

在测量气体时，导压管应以不小于1∶100（差压管路为1∶12）的倾斜度从变送器向下一直连接到取源部件。

液体导压管路的布设应避免高位置点；气体导压管的布设应避免低位置点。否则必须采取排放措施。

对于差压变送器，正、负压导压管的路径应相同，并保持相同的温度。

三、质量验收

施工质量的验收符合DL 5190.4《电力建设施工技术规范　第4部分：热工仪表及控制装置》和DL/T 5210.4《电力建设施工质量验收规程　第4部分：热工仪表及控制装置》的相关规定。

第十章　焊接施工

第一节　焊接工艺与施焊环境

一、焊接工艺

1. 焊接工艺文件的编制

焊接工艺文件是指导焊接作业的技术规定或措施，一般是由技术人员完成的，按照焊接工艺文件编制的程序与要求，主要有焊接性试验与焊接工艺评定、焊接工艺指导书或焊接方案、焊接作业指导书等内容。焊接性试验一般是针对新材料或新工艺进行的，焊接性试验是焊接工艺评定的基础，即任何焊接工艺评定均应在焊接性试验合格或掌握了其焊接特点及工艺要求之后进行。经评定合格后的焊接工艺，其工艺指导书方可直接用于指导焊接生产。对重大或重要的工程，也可依据焊接工艺指导书或焊接工艺评定报告编制焊接方案，全面指导焊接施工。

2. 焊接工艺文件的执行

由于焊接工艺指导书及焊接工艺评定报告是作为技术文件进行管理的，是用来指导生产实践的，一般是由技术人员保存管理。因此在进行焊口焊接时，往往还须编制焊接作业指导书，将所有管道焊接时的各项原则及具体的技术措施与工艺参数都讲解清楚，并将焊接作业指导书发放至焊工班组，让全体焊工在学习掌握其各项要求之后，在实际施焊中切实贯彻执行。使焊工的施工行为都能规范在有关技术标准及工艺文件要求的范之内，才能真正保证压力管道的焊接质量。为了保证压力管道的焊接质量，除了在焊接过程中严格执行设计规定及焊接工艺文件的规定外，还必须按照有关国家标准及规程的规定，严格进行焊接质量的检验。焊接质量的检验包括了焊前检验（材料检验、坡口尺寸与质量检验、组对质量及坡口清理检验、施焊环境及焊前预热等检验）、焊接中间检验（定位焊质量检验、焊接线能量的实测与记录、焊缝层次及层间质量检验）、焊后检验（外观检验、无损检测）。只有严格把好检验与监督关，才能使工艺纪律得到落实，使焊接过程始终处于受控状态，从而有效保证焊口的焊接质量。

二、施焊环境

施焊环境因素是制约焊接质量的重要因素之一。施焊环境要求要有适宜的温度、湿度、风速，才能保证所施焊的焊缝组织获得良好的外观成形与内在质量，具有符合要求的机械性能与金相组织。因此施焊环境应符合下列规定：

（1）焊接的环境温度应能保证焊件焊接所需的足够温度和使焊工技能不受影响。当环境温度低于施焊材料的最低允许温度时，应根据焊接工艺评定提出预热要求。

（2）焊接时的风速不应超过所选用焊接方法的相应规定值。当超过规定值时，应有防风设施。

（3）焊接电弧 1m 范围内的相对湿度应不大于 90%（铝及铝合金焊接时不大于 80%）。

（4）当焊件表面潮湿，或在下雨、刮风期间，焊工及焊件无保护措施或采取措施仍达不到要求时，不得进行施焊作业。

第二节　焊材管理与焊接施工

一、焊材管理

（1）焊材进库前，材料检验员负责验收，其质量应符合国家标准、行业标准或有关专业标准。焊条、焊丝应有制造厂的质量合格证，经验收合格，方可入库。对进口的焊材由材料检验员、焊接责任人、焊接检验员共同验收。凡对质量有怀疑时，应按批号进行复验。

（2）焊材进库时建立《焊条（焊丝）入库台账》。焊材库内的焊条应分类放在离地面距离大于 300mm，离墙壁距离大于 300mm 的架子上，挂牌标识，标识内容完整，字迹清晰。库内相对湿度小于 60%，温度不低于 5℃。由焊材管理员填写表 10–1。

表 10-1 焊材保管环境条件记录表

日期	记录时间	天气状况	干球温度（℃）	湿球温度（℃）	干湿球温差（℃）	相对湿度（℃）	记录人

（3）领用焊材时，由技术员开焊条票，内容须清楚、齐全，并加盖部门材料公章后到焊材库领取，焊材库管理人员应对各专业施工单位的焊材分别建立发放台账。

受压元件或承重结构件的焊材更改须由焊接责任人审核，项目责任工程师（项目总工程师）批准。

（4）项目施焊前一天，技术人员将焊条烘焙通知单发至焊条烘焙间。

（5）焊条烘焙一般按照说明书进行，说明书无规定时，一般酸性焊条 80 ～ 150℃烘焙 1 ～ 1.5h，碱性焊条 350 ～ 400℃时烘焙 1 ～ 2h，并做好烘焙及保温记录；烘好的焊条必须放在 100 ～ 250℃的恒温箱或桶内，以防再次受潮，并由焊材保管员填写表 10-2。

表 10-2　　焊材烘干记录

日期	焊条（剂）牌号	代号	规格	数量	烘干		储存温度（℃）	操作者
					温度（℃）	时间（h）		

（6）焊材库建立焊材发放台账，焊工须凭焊条票领取焊材，焊接重要部件时还须携带焊条保温桶，否则焊条管理人员应拒绝发放。退库焊材由焊材管理人员按型号、规格分类，单独存放，烘焙、发放时单独做好记录。焊条发放后回收焊条头和剩余焊条，退库焊条只能烘焙一次，焊剂回收次数不能超过三次。

（7）受压元件或承重结构件的焊接接头施焊，焊条必须放在焊条保温箱内，并正确使用。

（8）焊材的管理还应符合 JB/T 3223《焊接材料质量管理规程》的规定。

二、焊接施工

（1）施焊前焊接技术人员应向施焊人员进行技术交底并做好记录。

（2）施焊过程中，遇到与作业指导书要求不符时，焊工拒绝施焊。当出现重大质量问题时，应及时报告有关人员，不得自行处理。当焊接环境出现下列之一情况时，如无有效防护措施，应停止施焊：

1）手工焊时风速大于10m/s，气体保护焊时风速大于2m/s。

2）相对湿度大于90%。

3）温度低于0℃，应考虑在始焊处100mm范围内预热到手感温暖的温度（约15℃）。

（3）受压元件或承重结构件的坡口形式、尺寸应按设计规定加工。设计无规定时，按DL/T 869《火力发电厂焊接技术规程》、NB/T 47015《压力容器焊接规程》、GB/T 20801《压力管道规范　工业管道》的规定加工。

（4）采用钨板氩弧焊打底的根层焊缝检查后，应及时进行次层焊缝焊接。多层多道焊缝焊接时，应逐层进行检查，经自检合格后，方可焊接层次，直至完成。

（5）受压元件的同一部位不要多次补焊，一般不能超过两次。当钢材有再热裂纹倾向或热应变脆化倾向时，更应严格限制焊补次数。补焊时应由焊接专业专职工程师制订具体的补焊措施并参照工艺要求进行。如超过两次，补焊前应当经过项目责任师（项目总工程师）批准。

（6）除设计规定的冷拉焊口外，焊件装配时不允许强力对口。

（7）受压元件或承重结构件的焊接工作，应由经过培训并取得与所焊项目相对应的考试合格的焊工担任，并在被焊件的焊缝附近（易查看，打写方便的地方）打上焊工钢印代号。

1）应当在特种设备受压元件焊缝附近的指定部位打上焊工代号钢印，或者在焊接记录（含焊缝布置图）中记录焊工代号。

2）如同一条焊缝的打底焊道和填充、盖面焊道分别由不同焊工完成，则用斜线将焊工钢印号隔开，斜线左上侧为打底焊道焊工钢印，斜线右下侧为填充、盖面焊道焊工钢印。

（8）有焊后消除应力热处理要求时，应当根据补焊深度确定是否需要进行消除应力处理。

三、工程质量验收

工程质量验收按DL/T 5210.5《电力建设施工质量验收规程　第5部分：焊接》的相关规定执行。

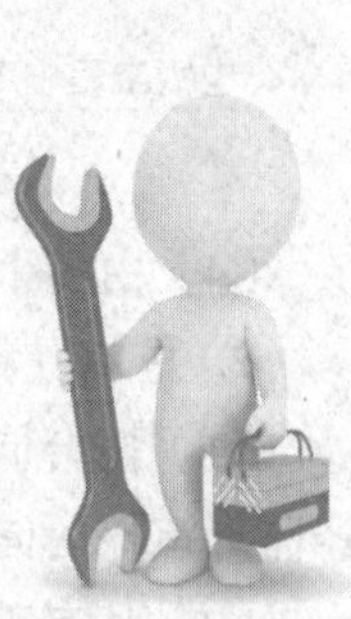

第十一章　竣工资料的编制

第一节　竣工技术资料的编制

工程竣工技术档案资料是实现科学管理和指导技术发展的主要依据，也是科学技术成果的存储和信息的传播手段之一。做好工程竣工技术档案资料的编制和管理工作，是电力工程施工技术管理工作质量的重要组成部分。

施工单位的各级技术负责人、技术管理人员，应当重视工程竣工技术档案资料的编制工作。从工程立项开始，就要着手做好工程竣工技术档案资料的收集、整理和编制工作。在工程竣工的同时，应提交符合要求的、完整的工程竣工技术档案资料，为工程验收和使用提供科学依据。

工程竣工技术档案资料应由建设、施工、设计、调试等单位按照各自的工作任务和职权范围进行收集，收集的范围应按照DL/T 241《火电建设项目文件收集及档案整理规范》、DL/T 1363《电网建设项目文件归档与档案整理规范》、NB/T 31021《风力发电企业科技文件归档》和NB/T 32037《光伏发电建设项目文件归档与档案整理规范》等的规定执行。工程建设管理单位档案工作领导小组应统一组织、协调，档案部门应具体指导。

一、管理职责

1. 通用职责

（1）各参建单位的档案管理应在建设单位的统一领导下，对各自承包范围内形成的项目档案完整、准确、系统及有效利用负责。

（2）各参建单位应按建设项目档案管理规范规定，同步完成各自职责范围内项目档案的收集、整理与归档工作。

（3）各参建单位应按建设项目档案管理规范规定，将形成的竣工文件进行收集、整理，经监理单位审核后移交建设单位归档，同时向本单位档案部门移交归档。

（4）由多个参建单位共同承包的工程，应由各自承担相应的档案管理职责。

2. 施工、调试单位

（1）按合同约定，收集、整理各自承建范围内形成的施工、调试项目文件，经监理审核后向建设单位移交。

（2）凡有工程分包时，应对分包单位形成的项目文件进行审核确认，履行签章手续，并对移交归档的项目文件质量负责。

（3）项目文件管理，应以单位工程为单元，建立文件包管理制度，对施工过程形成的项目文件实施质量管理。

（4）施工、调试单位应按 DL/T 5229《电力工程竣工图文件编制规定》规定收集、确认施工中已实施的设计更改文件作为竣工图编制依据。

（5）按国家、行业有关规定，收集、整理合同范围内施工、调试中形成的档案，经项目技术负责人审核后向本单位档案部门移交归档。

（6）施工单位项目文件管理流程见图 11–1。

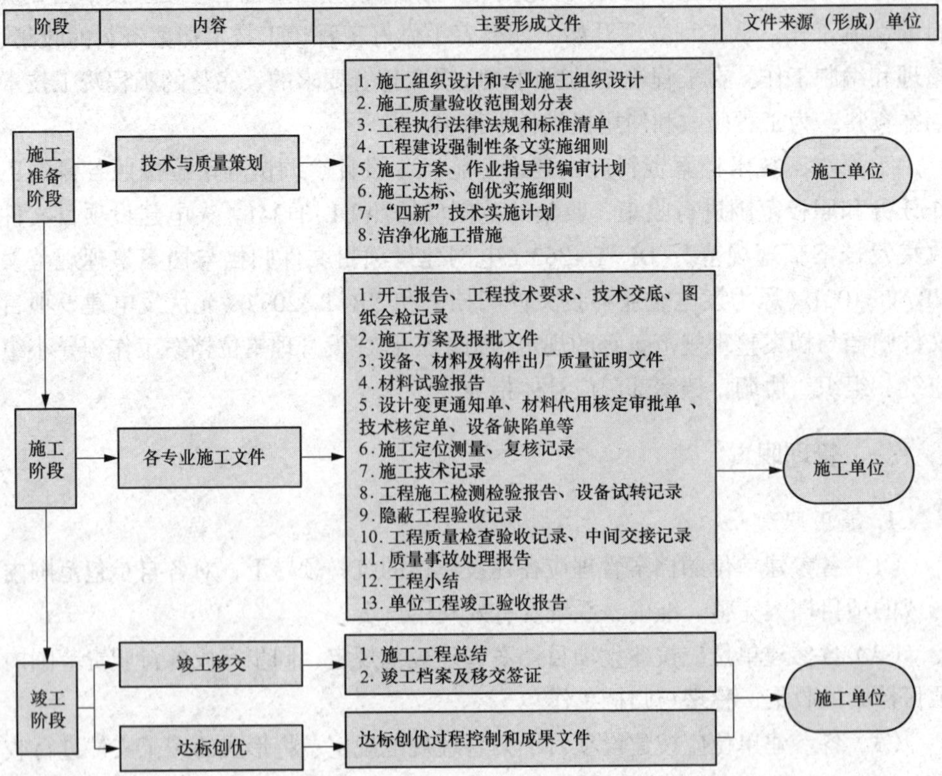

图 11–1　施工单位项目文件管理流程

3. 总承包单位

（1）应按合同约定的总包范围，按照国家、行业有关档案管理规定对项目档案进行管理。

1）应设立项目档案管理机构和建立档案管理网络。

2）制定管理制度，对各分承包单位的档案管理实行监管、检查与指导。

3）负责对各分承包单位移交的竣工档案进行审核、验收，保证项目档案管理与工程建设同步以及项目档案的完整、齐全。

（2）按照合同约定的总包范围，收集、整理本单位在工程建设活动中形成的档案，并将各承包单位形成的档案一同汇总、整理、编目，经监理单位审核后向建设单位档案部门移交归档。

（3）按国家、行业有关档案管理规定，收集、整理项目总承包范围内形成的档案，经项目总工程师审核后向本单位档案部门移交归档。

4. 工程管理单位

（1）应按与建设单位签订的合同范围行使工程管理职责，按照国家、行业档案管理有关规定，对项目档案进行管理。

1）应设立项目档案管理机构和建立档案管理网络；负责制定管理制度，对参建单位的档案管理实行监管、检查与指导。

2）应对各分承包单形成的竣工档案进行审核、验收，保证项目档案管理与工程建设同步以及项目档案的完整、齐全。

3）按照合同约定的管理范围，收集、整理本单位在工程管理活动中形成的档案，并将分包单位移交的档案一同汇总、整理、编目，经监理审核后向建设单位档案部门移交归档。

（2）在项目竣工后，协助建设单位完成项目档案专项验收工作。

（3）按国家、行业有关规定，将在工程管理范围内形成的全部档案，收集、整理，经项目总工程师审核后向本单位档案部门移交归档。

二、工程竣工技术档案资料的编制

1. 工程竣工技术档案资料编制内容

工程竣工技术档案资料的编制由工程建设管理单位负责，并在分包合同中与各参建单位明确职责分工。收集的范围包括：以项目建设中形成的所有文字、图表以及音像等各种载体形式的文件为收集对象。应将具有保存价值的文件纳入归档范围。

2. 工程竣工技术档案资料的编制要求

（1）电力工程的竣工技术档案资料，以专业为单位结合单位工程组卷，一般每个单位工程组成一个卷册，内容较多时，可根据单位工程内容的多少组成若干卷册。一般卷册的厚度不超过 50mm。

（2）参建单位应按火电、电网等建设项目档案管理规范编制竣工文件，监理单位负责审核。

（3）需要闭环的项目文件，执行单位应在完工后按质量管理要求编制相对应的闭环文件，实行闭环管理。

（4）原材料质量证明文件，应分门别类按原材料的品种、型号等特征及原材料管理台账编制原材料质量跟踪记录，便于原材料质量的追溯。

（5）设计更改文件，应按专业编制设计更改执行情况汇总表，保证竣工图编制依据的准确性。

（6）火电工程按专业集中整理的文件，立卷单位应编制与原件相对应的索引表。索引表采用的是 DL/T 5210.1—2021《电力建设施工质量验收规程　第 1 部分：土建工程》、DL/T 5210.2—2018《电力建设施工质量验收规程　第 2 部分：锅炉机组》、DL/T 5210.3—2018《电力建设施工质量验收规程　第 3 部分：汽轮发电机组》、DL/T 5210.4—2018《电力建设施工质量验收规程　第 4 部分：热工仪表及控制装置》中表 4.2.4、表 4.2.5、表 4.2.8，编制人应在表的备注栏填入原件所在卷册档号，便于原件的可追溯。

（7）非纸质载体文件归档时，应由整理单位编制文字说明与载体一起移交，并应在备考表上互填互见号。

三、竣工图的编制

竣工图是建筑安装工程竣工档案中最重要的部分；是工程建设完成后的主要凭证性材料；是电力工程真实的写照；是工程竣工验收的必备条件及工程维修、管理改造、扩建的依据。

1. 竣工图的内容

电力工程的竣工图必须以原设计图为主要依据，其主要内容应包括以下几个方面：

（1）工程总体布置图，平面位置图的轴线坐标，地形标高。

（2）在工程建设用地范围内的各种地下管线综合平面图。其中应有平面坐标、标高、走向、断面、管线衔接，以及复杂交叉处的剖面图（并应按地下管线测绘要求标定必要的栓点）。

（3）凡竣工图与原设计不同的部位必须注明设计变更依据（包括变更单编号）。

2. 竣工图的类型

竣工图一般分为三类：

（1）利用施工蓝图改绘的竣工图。

（2）在二底图上修改的竣工图。

（3）重新绘制的竣工图。

3. 竣工图的绘制与审核

竣工图标志应具有明显的“竣工图”字样章，见图 11-2，它是竣工图的依据。由施工单位编制竣工图时，竣工图章式样用 11-2（a），由设计单位编制竣工图时，竣工图章式样用 11-2（b）。

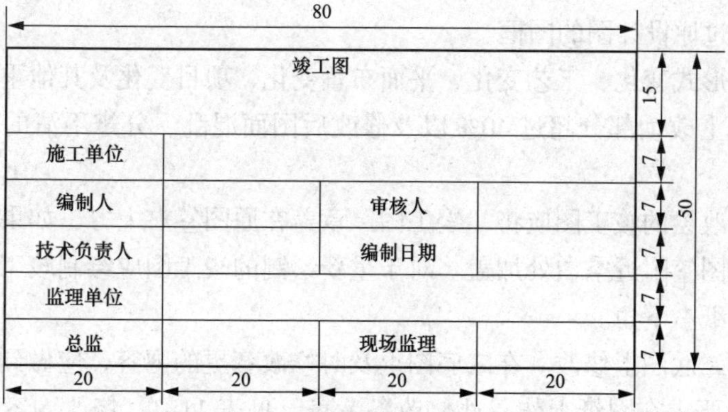

（a）施工单位编制竣工图图章式样

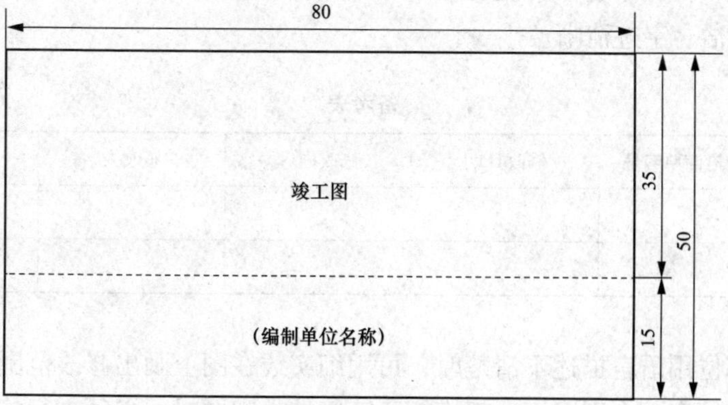

（b）设计单位编制竣工图图章式样

图 11-2　竣工图章式样（单位：mm）

（1）凡在施工中无变化的新图，应在新的原施工图上加盖竣工图标志，同时在标题栏上方加盖竣工图章后，可以作为竣工图。

（2）在施工蓝图上改绘。

1）改绘的原则：凡工程现状与施工图不符的内容，全部按照工程竣工现状准确地在蓝图上予以修正。即将工程图纸会检中提出的修改意见、工程洽商或设计变更上的修改内容都应如实地改绘在蓝图上。

2）改绘要求：

a. 设计变更单或洽商单记录的内容必须如实的反映到施工图上，如果在图上无法反映，则必须在图中的相部分进行文字说明，注明有关设计变更单或洽商单的编号，并附该设计变更单或洽商单的复印件。

b. 无较大变更的将修改内容如实地改绘在蓝图上，修改部位用线条标明，并注明 ×××× 年 ×× 月 ×× 日设计变更单或洽商单第 × 条。修改的附图或文字均不得超过原设计图的图框。

凡结构形式变化、工艺变化、平面布置变化、项目变化及其他重大变化，或在一张图纸上改动部分超过 40% 以及修改后图面混乱、分辨不清的个别图纸应重新绘制。

用蓝图改绘的竣工图应将“竣工图”章盖在原图签右上方，如果此处有内容时，可在原图签附近空白处加盖。对于重新绘制的竣工图应绘制竣工图签，图签位置应在图纸右下角。

（3）在二底图上修改。在二底图上及时修改变更的内容，应做到与工程施工同步进行。要求在图纸上作一些修改备考表，见表 11–1。修改内容应与变更的内容相对照，做到不看设计变更单或洽商单原件就知道修改的部位和基本内容。要求图面整洁、字迹清晰。

表 11–1 备考表

设计变更单或洽商单编号	修改日期	修改内容	修改人	备注

修改部位用语言描述不清楚时，可用细实线在图上画出修改范围。如果二底图修改次数较多，个别图面出现模糊不清等技术问题时，必须进行技术处理或重新进行绘制。

用二底图修改的竣工图，应将竣工图章盖在原图签右上方。没有改动的二底图转做竣工图也应加盖竣工图章。

原施工图的封面、图纸目录应加盖竣工图章，作为竣工图归档，并放在各专业图纸之前。但重新绘制的竣工图的封面、图纸目录，可以不绘制竣工图签。

编制竣工图必须采用不褪色的黑色墨水绘制，文字材料不得用红色墨水、复写纸、一般圆珠笔和铅笔等。文字应采用仿宋字体，大小应协调，禁止错、别、草字。划线应使用绘图工具，不得徒手绘制。重新绘制的竣工图用纸张，应与原设计图纸的纸张颜色接近，不要反差太大。原设计图上的内容不许用刀刮或补贴，做到无污染、涂抹和覆盖。

竣工图图面应整洁，文字材料字迹应工整清楚、完整无缺，内容清晰。

（4）设计单位编制竣工图时，竣工图的编制按照 DL/T 5229《电力工程竣工图文件编制规定》中“竣工图编制要求”执行，施工、调试单位要予以配合，提供齐全的设计变更单和施工现场的实际情况，确保竣工图与工程实际相符。

（5）设备供应商的竣工图由设备供应商编制，编制要求应在供货合同中予以明确。

竣工图编制完成后，应对竣工图的内容是否与“设计变更通知单”“工程联系单”和设计更改的有关文件，以及施工验收记录、调试记录等相符合进行审核。

竣工图的审核由竣工图编制单位负责，由设计人（修改人）编制完成后，经校核人校核和批准人审定后在图标上签署。

第二节　竣工技术资料的整理与归档

为了确保电力工程竣工技术档案资料的及时、完整、准确，应加强对工程竣工技术档案资料工作的宏观管理，充分发挥工程竣工技术档案资料在工程建设、生产、管理、维修和技术改造、改建、扩建中的作用。因此，从工程准备开始到工程竣工验收过程中所形成的技术资料，应提交建设单位、使用单位和本单位档案部门集中统一管理。施工单位、建设单位、检验机构、调试单位的技术负责人与技术人员应当认真学习、掌握工程竣工技术档案资料的编制方法和档案管理的有关规定。

一、工程竣工技术档案资料的整理

整理归档的工程竣工技术档案资料，必须正确地反映工程施工全过程和工程结果，不得擅自修改、伪造或事后补做。凡是文件资料达不到要求的技术标准和对某些资料的准确性有怀疑时，必须经设计单位技术负责人和施工单位技术负责人审核，并签署处理意见。处理后的结果要有技术负责人的签字认可，否则其工程不算完工，也不能验收和结算，档案资料不能归档。

档案的整理工作应按照 GB/T 11822《科学技术档案案卷构成的一般要求》、DL/T 241《火电建设项目文件收集及档案整理规范》、DL/T 1363《电网建设项目文件归档与档案整理规范》、NB/T 31021《风力发电企业科技文件归档与整理规范》、NB/T 32037《光伏发电建设项目文件归档与档案整理规范》和《电力工业企业档案分类规则》等标准的要求，遵循文件材料的形成规律，保持案卷内文件材料的有机联系，便于保管和利用。

工程竣工技术档案资料的编制应做到三同步和五统一。所谓三同步是指单位工程一开始，就与建立施工技术记录和竣工图同步进行；工程进行中就与施工技术记录和竣工图的积累、整编、审定工作同步进行；工程交工验收时，要与提交一套合格的施工技术记录和竣工图同步进行。所谓五统一，是指工程的计划管理、施工管理、施工图预算、工程结算和竣工图、施工技术记录编制移交统一进行。五统一是工程技术资料和工程管理的有机结合，是确保工程技术档案资料完整，提高管理水平的重要手段。

1. 档案资料的收集

前期阶段、施工准备阶段、竣工验收阶段、生产准备阶段等项目管理性文件，可在文件办理完毕或阶段性工作完成后及时收集。

施工、调试单位形成的各专业项目文件，应在工程完工后由本项目档案管理部门及时收集。

（1）单位工程形成的项目文件应在单项工程验收前完成收集。

（2）单项工程形成的项目文件应在单台机组验收前完成收集。

（3）单台机组形成的项目文件应在工程竣工验收前完成收集。

项目文件收集一般一式一份。归档需要增加份数的，应在合同中约定。

2. 组卷

（1）组卷原则。

1）项目文件应按照不同的收集、整理单位分别进行组卷。由多个单位分包的单位（单项）工程，应由文件形成单位对各自承建部分形成的文件进行整理组卷，由发包单位汇总。

2）组卷应根据文件的形成规律和成套性特点，保持卷内文件的有机联系；分类科学，组卷合理；文件签章手续齐备。

3）组卷应保证卷内文件内容的相对独立完整，应根据文件形成的多少组成一卷或多卷。

4）案卷内不应有重复文件，附件共用应在备考中注明。

5）独立成册、成套的项目文件，应保持其原貌，不宜拆散重组。

（2）组卷方法。

1）项目前期文件、项目管理性文件、竣工验收文件及生产准备文件，应按阶段、问题、来源组卷。

2）施工文件，应按单位工程组卷。

3）调试文件，应按阶段、专业组卷。

4）原材料质量证明文件，应分专业按材料种类、型号组卷。

3. 排列

（1）项目档案案卷应按分类表类目顺序依次排列。卷内文件应按文件的形成规律、问题、时间（阶段）或重要程度排列。

（2）项目前期、施工管理、项目竣工阶段形成的文件，卷内文件应批复在前，请示在后；译文在前，原文在后；正文在前，附件在后；审批文件在前，报审文件在后；文字在前，图纸在后排列。

（3）单位工程文件，应分专业按单位工程管理文件、施工记录及相关试验报告、质量验收文件顺序排列。

1）单位工程管理文件，应按审核签字页（见表 11–2）、开工审批、施工方案/措施/作业指导书及技术交底、设计、原材料、计量登记表（DL/T 5210.1—2021《电力建设施工质量验收规程　第 1 部分：土建工程》、DL/T 5210.2—2018《电力建设施工质量验收规程　第 2 部分：锅炉机组》、DL/T 5210.3—2018《电力建设施工质量验收规程　第 3 部分：汽轮发电机组》、DL/T 5210.4—2018《电力建设施工质量验收规程　第 4 部分：热工仪表及控制装置》中表 4.2.4、表 4.2.5、表 4.2.8）竣工验收报告等顺序排列。

2）施工记录，应按施工工序（程序）排列。相关试验报告、设备缺陷通知单及消缺签证单、强制性条文执行记录应依次排列在施工记录之后。

3）施工质量验收文件，应按单位工程质量验收划分表、单位工程质量验收、分部、分项、检验批质量验收排列。报验单在前，验收表在后；质量验收文件在前，支持性记录在后。

（4）机组调试、试验文件，应分专业按调试管理文件、调试阶段（系统）调试记录（报告）、调试质量验收文件排列。卷内文件按管理、记录、验收文件排列。

表 11-2　　竣工文件审核签字页

________机组________单位工程 竣工文件审核签字页 施工单位（专业人员签字）　　年　月　日 监理单位（监理工程师审核签字）　　年　月　日 建设单位（专业人员审核签字）　　年　月　日

（5）原材料质量证明文件，应分专业按材料种类排列。卷内文件按质量跟踪记录，原材料进场报验单、出厂质量证明文件、复试委托单及复试报告顺序排列。每种材料质量跟踪记录在前，原材料进场报验单、出厂质量证明文件、复试委托单及复试报告在后。

（6）设计更改文件，应分专业按流水编号顺序排列。卷内文件应按变更执行情况汇总表（见表 11-3）、设计更改文件、执行情况记录依次排列。

表 11-3　　设计更改执行情况汇总表

专业名称：________

序号	变更单编号	变更文件名称	提出单位	变更内容（所在序号）	对应图号	执行情况	备注
施工单位		年　月　日		监理单位		年　月　日	

（7）竣工图、施工图，应分专业按卷册号顺序排列；卷内文件按图号顺序排列。

4. 编号与编目

（1）页号编写。

1）文件页号应以有效内容的页面编写页号。页号位置，单面的，在文件右下角；双面的，正面在右下角，背面在左下角；图纸页号，应编写在图标栏外右下角。

2）文件页号应按装订的形式分别编写。按卷装订的，页号应从“1”编流水号；按件装订的，应按件每份文件从“1”编写页号，件与件之间不连号。

（2）卷内目录编制。卷内目录排列在卷内文件首页之前，不编写页号（见表 11-4）。

表 11-4　　卷内目录

保管期限：________　　档号：________

序号	文件编号	责任者	文件材料题名	日期	页数 / 页号	备注

续表

序号	文件编号	责任者	文件材料题名	日期	页数 / 页号	备注

1）序号，用阿拉伯数字表示，应依次标注文件在卷内排列的顺序，各案卷之间序号不连续，每卷均从“001”编号。

2）文件编号，应填写文件的文号或编号、图样的图号等。

3）责任者，应填写文件形成单位的全称或规范的简称。合同文件应填写主要责任方；报验文件应填写委托报验的单位。

4）文件题名，一般应填写文件标题的全称。按单位工程组卷的竣工文件，每份文件题名应填写单位工程名称；对于文件标题不明确、不准确、不完整的，应由立卷人根据文件内容重新拟写或补充。

5）日期，应填写文件流转结束最终责任人（单位）签署盖章的日期（年、月、日应用8位数字表示）。

6）页数（号），应按案卷装订形式分别编写。装订成卷的，应填写每份文件起始页号，最后一个文件填写起止页号；按件装订的，应按件填写每份文件的页数。

7）备注，应根据实际情况填写与本条目文件有关需要说明的信息。

（3）案卷封面编制。案卷封面可采取外封面和内封面两种形式，应由建设单位根据实际情况作统一规定（见表11-5）。

1）案卷题名，应包含项目名称、单位工程名称、卷内文件类型。题名拟写应简明、准确地揭示卷内文件的内容。

a. 项目名称应与核准项目名称保持一致。项目名称可填写全称，也可填写由建设单位统一规定的简称。项目名称发生变更时，应由上级主管单位出具项目名称变更文件。

b. 外文归档材料的案卷题名应将标题译成中文，并与外文一并填写。

2）立卷单位，应填写案卷整理单位全称。

3）起止日期，应填写卷内最早形成文件的日期与最终形成文件的日期（年、月、日用8位数字表示）。

表 11-5　　　　案卷封面

档　号＿＿＿＿＿＿＿＿

案卷题名

立卷单位＿＿＿＿＿＿＿＿＿＿＿＿＿＿
起止日期＿＿＿＿＿＿＿＿＿＿＿＿＿＿
保管期限＿＿＿＿＿＿＿＿＿＿＿＿＿＿
密　　级＿＿＿＿＿＿＿＿＿＿＿＿＿＿

4）保管期限，应按火电、电网、风力发电、光伏发电等建设项目档案管理规范附录填写保管期限。同一案卷内有不同期限的文件，保管期限从长。

5）密级，应依据国家有关档案保密规定划定，同一案卷内有不同密级的文件，密级从高。

6）档号，由项目代号、分类号、案卷流水号组成。应依据火电、电网、风力发电、光伏发电等建设项目档案管理规范填写。

（4）备考表编制。

备考表应填写案卷内文件的总件数和总页数以及在组卷和案卷提供利用中需要说明的问题。备考表排列在卷内文件之后，不编写页号（见表 11-6）。

表 11-6　　卷内备考表

档号：

互见号：

说明：
本卷有　　件，共有　　页，其中文字材料　　页，图纸　　张。

立卷人：
年　月　日
检查人：
年　月　日

1）立卷人及日期，应由案卷整理责任人签名，并填写完成立卷的日期（年、月、日）。

2）检查人及日期，应由案卷质量检查人签名，并填写日期。

3）互见号，应填写反映同一内容而载体不同且另行保管的档案档号，同时应注明其载体形式。

（5）案卷目录编制。

1）案卷目录应填写序号、档号、立卷单位、案卷题名、起止时间、总页数、保管期限等内容（见表 11-7）。

2）档号、案卷题名、立卷单位、保管期限的填写同本节“4. 编号与编目”的（3）。

表 11-7　　案卷目录

序号	档号	立卷单位	案卷题名	起止日期	保管期限	总页数	备注

（6）案卷脊背编制。

1）案卷脊背应填写档号、案卷题名、保管期限、正副本等内容。

2）案卷脊背可由建设单位档案部门在项目档案汇总整理后统一填写，也可在建设单位档案部门指导下由移交单位填写。

5. 装订

（1）案卷装订应结实、整齐，便于利用和数字化。

（2）案卷装订可采用整卷装订，也可按件单份装订。按件装订的文件，应在每份文件首页上方空白处加盖档号章，并按 GB/T 11822《科学技术档案案卷构成的一般要求》的规定填写。图纸采用不装订方式。

（3）案卷装订应保持卷内文件内容的相对独立与完整，装订页数的多少应按实际情况设定。

（4）对有破损的文件，应先修补后装订；对非标准 A4 纸文件，应粘贴或折叠后装订；外文资料应保持原来的案卷装订形式。

6. 卷盒、表格规格及其制成材料

（1）卷皮、卷内表格规格和制成材料应符合 GB/T 11822《科学技术档案案卷构成的一般要求》的要求。

（2）案卷装具应根据案卷的厚度选择。

二、归档

DA/T 28《国家重大建设项目文件档案归档范围和保管期限表》、DL/T 241《火电建设项目文件收集及档案整理规范》、DL/T 1363《电网建设项目文件归档与档案整理规范》、NB/T 31021《风力发电企业科技文件归档与整理规范》、NB/T 32037《光伏发电建设项目文件归档与档案整理规范》规定了归档文件的范围、保管期限，建设单位应结合工程的实际情况对项目形成的文件进行确定。

各类文件应按形成的先后顺序或项目完成情况及时收集，引进技术及设备文件应由建设单位或者接受委托的承包单位登记、归档。

三、照片档案收集与整理

1. 照片的收集

（1）归档照片应主题鲜明、影像清晰、画面完整、保持原貌未加修饰剪裁。同一工程或事件及活动拍摄的一组照片，应选择能全面反映事件全貌并突出主题的照片。

（2）各参建单位应及时收集项目建设过程中拍摄的工程照片（隐蔽工程、关键节点、重要工序、施工质量、设备缺陷等），并在工程竣工后与纸质档案一并向建设单位移交归档。

（3）用数码相机拍摄的照片，其像素应不低于400万。归档的数码照片，应将其拷贝在光盘上与纸质照片一起归档。具有永久保存价值的照片（国家领导人视察、重大事件、活动等），应根据实际需要翻拍成胶片，制作底片与数码照片一同收集归档。

2. 照片整理

（1）照片整理，应保持照片之间的有机联系，区分不同的价值，便于保管和利用。

（2）照片应按张整理，并逐张按GB/T 11821《照片档案管理规范》要求编写全面反映照片画面内容和人物等基本信息的文字说明。

（3）照片按年度、分类、照片号装册。册内按照片号顺序排列，册与册之间连号。参建单位形成的照片档案应分专业，施工单位按单位工程排列装册。

（4）照片宜按专业——问题分类；分类宜与对应文字材料一致。

3. 照片档案编目

（1）照片档案按张编目，填写题名、照片号、光盘号（底片号）、参见号、时间、摄影者、文字说明。

1）题名，填写照片的主题内容。同一组照片的题名，应反映是同一事件（活动）或工程进度、质量的主题内容。

2）照片号是固定和反映每张照片的分类和排列顺序的数字代码。照片号应逐张按年度—保管期限—（问题）分类从“001”顺序大流水编号，年度一般以照片形成年为年度号，用4位数表示，跨年度形成的照片宜将移交归档年设为年度号。

3）底片号，应填写照片底片编号或数码照片光盘的档号。照片编号应与光盘上电子照片编号相一致。

4）参见号，应填写与照片有对应联系的其他载体档案的档号。

5）时间，是指拍摄的具体时间，用8位阿拉伯数字表示。

6）摄影者，应填写拍摄人的姓名。

7）文字说明，应准确、简明揭示照片画面的内容。文字说明包括人物、时间、地点、事由等要素。

（2）每册照片档案应编制册内目录（见表11–8）和册内备考表（见表11–9）。

表11–8　　册内照片目录

照片号	题名	时间	页号	底片号	备注

表 11-9　　　　册内备考表

档号：

互见号：

本册情况说明：

立册人：
检查人：
立册时间：

四、电子文件归档与整理

1. 电子文件归档

（1）电子文件是指在数字设备及环境中生成，以数码形式存储于光盘、磁盘等载体，依赖计算机等数字设备阅读、处理，并可以在通信网络上传送的文件。

（2）参建单位应按合同约定把符合归档要求的电子文件，按档案管理规定格式将电子文件存储到符合保管要求的脱机载体（光盘）上，在工程竣工后与纸质档案一并向建设单位档案部门移交归档。

（3）电子文件归档，应提供电子文件的技术环境、相关软件、版本、数据类型、格式、被操作数据、检测数据等相关信息。

（4）电子文件归档，应将电子文件脱机存储（拷贝）至耐久性好的载体（光盘）上。一式三套，一套封存、一套异地保管、一套提供利用。

（5）电子文件存储载体，应采用只读光盘，一次性写入光盘，不允许用可改写的载体作为归档电子文件长期存储的载体保存。

2. 电子文件整理

（1）电子文件应按 GB/T 18894《电子文件归档与管理规范》规定整理，按纸质档案分类或电子文件类别代码集中组织存储载体。

（2）电子文件存储载体（光盘）宜按年度——载体种类编号，载体种类用"GP"标识。

（3）每张电子文件存储载体（光盘）装具应贴标签，标签上应注明载体编号、类别代码、密级、保管期限、存入日期等信息。

3. 电子文件登记

（1）归档电子文件应逐张填写电子文件登记表。电子文件登记表分首页、续页。

（2）归档电子文件应以盘为单位填写电子文件登记表首页，以件为单位填写续页。归档时，应将相应的电子文件机读目录、相关软件、其他说明等一同归档，并附归档电子文件登记表与存储载体（光盘）一同保存。

（3）电子文件登记表首页（见表 11-10），其内容包括文件特征、设备环境特征、文件记录特征、制表审核。

1）文件特征，填写电子文件形成单位及时间、载体类型（光盘、磁盘等）及编号等信息。

2）设备环境特征，包括硬件环境和软件环境。

a. 硬件环境，应填写计算机配置情况。

b. 软件环境，应填写操作系统（Windows、Linux 等）、数据库系统（MSSQL、Oracle 等）、相关软件（文字处理工具、浏览器、压缩或解密软件等）。

3）文件记录特征，包括记录结构，记录类型，记录字符、图形、音频、视频文件格式，文件载体。

a. 记录结构，应填写电子文件存储方式。

b. 记录类型，应填写记录电子文件的总个数和总字节。

c. 记录字符、图形、音频、视频文件格式，应填写电子文件的后缀名称。

表 11-10　　电子文件登记表（首页）

<table>
<tr><td rowspan="5">文件特征</td><td>形成部门</td><td colspan="5"></td></tr>
<tr><td>完成日期</td><td colspan="2"></td><td>载体类型</td><td colspan="2"></td></tr>
<tr><td>载体编号</td><td colspan="5"></td></tr>
<tr><td>通信地址</td><td colspan="5"></td></tr>
<tr><td>电话</td><td colspan="2"></td><td>联系人</td><td colspan="2"></td></tr>
<tr><td rowspan="4">设备环境特征</td><td>硬件环境（主机、网络服务器型号、制造厂商等）</td><td colspan="5"></td></tr>
<tr><td rowspan="3">软件环境（型号版本等）</td><td>操作系统</td><td colspan="4"></td></tr>
<tr><td>数据库系统</td><td colspan="4"></td></tr>
<tr><td>相关软件（文字处理工作、浏览器、压缩或解密软件等）</td><td colspan="4"></td></tr>
<tr><td rowspan="4">文件记录特征</td><td rowspan="2">记录结构（物理、逻辑）</td><td rowspan="2"></td><td rowspan="2">记录类型</td><td rowspan="2">□定长
□可变长
□其他</td><td>记录总数</td><td></td></tr>
<tr><td>总字节数</td><td></td></tr>
<tr><td>记录字符、图形、音频、视频文件格式</td><td colspan="5"></td></tr>
<tr><td>文件载体</td><td colspan="2">型号：
数量：
备份数：</td><td colspan="3">□一件一盘　□多件一盘
□一件多盘　□多件多盘</td></tr>
<tr><td rowspan="2">制表审核</td><td colspan="6">填表人（签名）

年　月　日</td></tr>
<tr><td colspan="6">审核人（签名）

年　月　日</td></tr>
</table>

d. 文件载体，应填写刻录电子文件载体的型号及载体的储存容量。

4）制表审核，应由填表人、审核人签字并填写日期。

（4）电子文件登记表续页（见表 11–11），其内容包括电子文件编号、题名、形成时间、文件稿本代码、文件类别代码、载体编号、保管期限、备注。

表 11–11　　　　电子文件登记表（续页）

第　　页

文件编号	题名	形成时间	文件稿本代码	文件类别代码	载体编号	保管期限	备注

1）电子文件编号、题名、形成时间、保管期限的填写与纸质档案相同。

2）文件类别代码，应按电子文件类别代码填写。

电子文件类别代码：T—文本文件；I—图像文件；G—图形文件；V—影像文件；A—声音文件；O—超媒体链接文件；P—程序文件；D—数据文件。

3）载体编号，按“2. 电子文件整理”的（2）填写。

4. 电子文件交接

（1）电子文件移交之前，移交单位与接收单位均应对归档载体（光盘）及其技术环境，电子文件的真实性、完整性和有效性进行检验，填写归档电子文件移交、接收检验登记表，合格后方可交接。

（2）电子文件交接应填写表 11-12，其内容包括载体外观检验，病毒检验，真实性、完整性、有效性检验，技术方法与相关软件说明、登记表、软件、说明资料检验。

表 11-12　　归档电子文件移交、接收检验登记表

检验项目	单位名称	
	移交单位	接收单位
载体外观检验		
病毒检验		
真实性检验		
完整性检验		
有效性检验		
技术方法与相关软件说明 登记表、软件、说明资料检验		
填表人（签名）	年　月　日	年　月　日

续表

审核人（签名）	年　月　日	年　月　日
单位（印章）	年　月　日	年　月　日

1）载体外观检验，应检查载体有无划痕，是否清洁。

2）病毒检验，应检测载体有无病毒。

3）真实性、完整性、有效性检验，应对归档电子文件的真实性、完整性、有效性检验及审核手续进行核实。

4）技术方法与相关软件说明，应对特殊格式电子文件的相关软件、版本、操作手册等是否完整进行核实。

5）核实登记表、软件、文字说明等是否齐全。

（3）交接双方应按规定，填写电子文件登记表和归档电子文件移交、接收检验登记表，一式二份，双方档案部门各存一份，以备查考。

五、项目档案移交

1. 移交份数与时间

（1）施工、监理等参建单位应按合同和档案管理要求向建设单位移交档案，办理移交手续。移交份数一般一式二份，一套为正本，一套为副本，电子文件（光盘）三套，需移交城建档案馆的应增加一套。竣工图移交份数一般为两套，电子文件（光盘）三套，需移交城建档案馆的卷册应增加一套。

（2）各参建单位应在项目实体竣工后三个月内将整理完毕的项目档案向建设单位移交归档。尾工形成的档案应在尾工完工后及时移交归档。

2. 移交审查

（1）项目竣工后，建设单位应按程序组织对移交的项目档案的完整、准确、系统、有效及案卷质量进行审查，审查合格后方能办理移交手续。

（2）单位工程形成的档案，应在工程完工后及时进行审查，施工单位、监理单位、建设单位各方审查人应在审查页（见表 11-13）上签字确认。

表 11-13　　××建设项目档案移交签证表

项目（工程）名称____________

移交单位（章）____________

接收单位（章）____________

移交日期____________

承包项目名称				
合同号				
档案数量	文字材料		照片 / 声像	
	竣工图		电子文件	

续表

档案编制说明：

移交 单位 自检 意见	技术负责人： 档案负责人： 项目负责人： 年　　月　　日
监理 单位 审核 意见	档案人员： 项目总监： 年　　月　　日

续表

建设单位验收意见	工程部负责人： 档案负责人： 项目负责人： 年 月 日

（3）项目档案审查应分技术审查和档案审查。

1）技术审查应分别对竣工档案的完整性、准确性、有效性进行审查，由各参建单位的专业技术人员负责：

a. 审查工程管理程序、施工工序对施工文件形成的完整性。

b. 审查现场施工实际情况与施工记录内容的真实、可靠程度以及竣工图的质量。

c. 审查施工文件的用表、施工文件的签署程序是否符合电力行业现行规范、标准的要求。

2）档案审查应分别对竣工档案的齐全、完整、成套、系统整理、归档文件的质量和有效性进行审查，由各参建单位的档案人员负责。

a. 按归档范围对移交的竣工档案的齐全、完整、成套及归档文件质量进行审查。

b. 按系统整理要求对竣工档案分类的科学性、组卷、排列的合理性、编目的规范性等进行审查。

c. 按火电工程、电网工程、风力发电工程、光伏发电工程等建设项目档案管理规范要求对文件的质量、编制等情况进行审查。

3. 移交签证

（1）项目档案移交单位应按本规范规定编制项目档案整理情况说明，对其承包范围内项目档案形成与整理概况作简要介绍。内容应包括竣工档案整理原则、执行标准，档案整理过程需要说明的问题，审查整改情况和遗留问题。

（2）项目档案应经过施工、调试单位自检，监理单位审查，建设单位验收确认并签署意见后，才能办理移交手续，填写建设项目档案移交签证表见表 11-4，移交案卷目录见表 11-15。

表 11-14　　××建设项目档案移交签证表

项目（工程）名称 ____________

移交单位（章）____________

接收单位（章）____________

移交日期 ____________

承包项目名称				
合同号				
档案数量	文字材料		照片 / 声像	
	竣工图		电子文件	

续表

<table>
<tr><td colspan="2">档案编制说明：</td></tr>
<tr><td>移交
单位
自检
意见</td><td>技术负责人：
档案负责人：
项目负责人：
年 月 日</td></tr>
<tr><td>监理
单位
审核
意见</td><td>档案人员：
项目总监：
年 月 日</td></tr>
</table>

续表

建设单位验收意见	工程部负责人： 档案负责人： 项目负责人： 年　月　日

表 11-15　　**案卷移交目录**

序号	档号	案卷题名	立卷单位	保管期限	页数	备注

（3）建设项目档案移交签证表，应有交接双方责任人签字盖章，方能生效。《建设项目档案移交签证表》一式两份，交接各方各留存一份归档，以备查考。

（4）总承包和工程管理单位应将分包单位移交的竣工档案与自身形成的档案汇总整理，统一分类编号，编制移交案卷目录及档案整编说明后才能向建设单位移交，并办理移交签证手续。